高等职业教育
通识类课程新形态教材
★课程**思政**版★

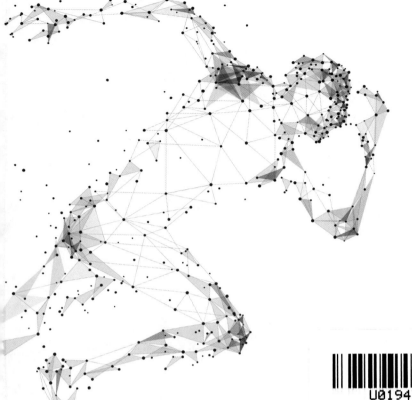

U0194724

人工智能概论

INTRODUCTION TO ARTIFICIAL INTELLIGENCE

第二版

主　编 > 任云晖　丁　红　徐迎春
副主编 > 查　瑶　雷显臻　沙有闯
主　审 > 刘　峻　陈　萍

中国水利水电出版社
www.waterpub.com.cn
·北京·

内 容 提 要

本书致力于推动人工智能的普及教育，使用通俗易懂的语言深入浅出地介绍了人工智能的相关知识，主要内容包括人工智能的基本概念，人工智能的分类和应用，人工智能的发展历程，人工智能的核心技术，人工智能在教育、家居、经济、视觉、工业领域的应用以及人工智能的未来。

本书案例丰富、通俗易懂，可使读者快速了解人工智能的基本概念和应用，可以作为高职类院校的人工智能通识类课程教材，也可以供社会人士学习和了解人工智能之用。

本书配有电子课件及习题参考答案，读者可以从中国水利水电出版社网站（www.waterpub.com.cn）或万水书苑网站（www.wsbookshow.com）免费下载。

图书在版编目（ＣＩＰ）数据

人工智能概论 / 任云晖，丁红，徐迎春主编. -- 2
版. -- 北京：中国水利水电出版社，2022.4（2024.11 重印）
高等职业教育通识类课程新形态教材
ISBN 978-7-5226-0616-3

Ⅰ．①人… Ⅱ．①任… ②丁… ③徐… Ⅲ．①人工智
能－高等职业教育－教材 Ⅳ．①TP18

中国版本图书馆CIP数据核字(2022)第058716号

策划编辑：石永峰　　责任编辑：魏渊源　　编辑加工：杜雨佳　　封面设计：梁　燕

书　　名	高等职业教育通识类课程新形态教材 人工智能概论（第二版） RENGONG ZHINENG GAILUN	
作　　者	主　编　任云晖　丁　红　徐迎春 副主编　查　瑶　雷显臻　沙有闯 主　审　刘　峻　陈　萍	
出版发行	中国水利水电出版社 （北京市海淀区玉渊潭南路 1 号 D 座　100038） 网址：www.waterpub.com.cn E-mail：mchannel@263.net（答疑） 　　　　sales@mwr.gov.cn 电话：（010）68545888（营销中心）、82562819（组稿）	
经　　售	北京科水图书销售有限公司 电话：（010）68545874、63202643 全国各地新华书店和相关出版物销售网点	
排　　版	北京万水电子信息有限公司	
印　　刷	三河市德贤弘印务有限公司	
规　　格	170mm×240mm　16 开本　13 印张　211 千字	
版　　次	2020 年 8 月第 1 版　　2020 年 8 月第 1 次印刷 2022 年 4 月第 2 版　　2024 年 11 月第 4 次印刷	
印　　数	12001—15000 册	
定　　价	42.00 元	

凡购买我社图书，如有缺页、倒页、脱页的，本社营销中心负责调换

第二版前言

2016 年是人工智能历史上具有重要意义的一年,一台名叫阿尔法狗（AlphaGo）的围棋机器人以 4：1 的压倒性优势战胜了世界顶级围棋选手李世石,这是人类在人工智能领域的一个里程碑式事件,标志着一个新的时代——人工智能时代的开启。

那么,什么是人工智能呢？人工智能（AI）是研究、开发用于模拟、延伸和扩展人的智能的理论、方法、技术及应用系统的一门新的技术科学,是计算机科学的一个分支。人工智能的发展速度非常快,近年来在教育、经济、工业等领域得到了越来越广泛的应用,"人工智能＋"成了未来所有行业发展的必然趋势。

为了迎接已经开启的智能时代,很多高校开始面向所有专业学生开设人工智能通识课程,向学生普及人工智能基础知识。目前市场上有关人工智能的书籍主要有两种类型：一是专业基础类教材,偏重人工智能的原理和算法,适合作为计算机信息类专业学生的专业基础课程教材；二是科普读物,面向普通大众,以科普为目的,趣味性强,信息量少。这两类书籍受受众对象、编排、体例等限制,均不适合作为高职学生人工智能通识类课程的教材。

本教材解决了上述方面的问题,主要有如下特点。

（1）理论难度适宜。高职教材需要有一定的理论知识,但作为面向所有专业学生的通识类课程,教授过于艰深的理论知识显然是不适宜的。因此,理论知识的选择就很重要,要够用,要易懂,要深入浅出。本教材用浅显的语言讲述人工智能的基本原理、基本方法和基本应用,可使读者对人工智能有一个大概的了解。

（2）案例丰富。本教材对人工智能领域最新、最广为人知的案例进行剖析讲解,展示了人工智能在各个领域的最新应用。

（3）简明易懂。本教材内容精悍,文字表述简单,浅显易懂,不仅适合作为高职学生的教材,也适合普通读者作为科普读物来阅读。

（4）媒体资源丰富。本教材有配套的多媒体课件和完整的视频教学资源，可供读者辅助学习。

（5）融合思政元素。本教材将思政元素融入教学内容，在讲解人工智能技术及其应用过程中，融入了中国在信息技术、智能制造领域所取得的辉煌成就，讲述中国品牌、中国故事，激发读者的爱国热情，增强他们的民族自豪感。

本教材由任云晖、丁红、徐迎春担任主编，查瑶、雷显臻、沙有闯担任副主编，刘峻、陈萍任主审。万江云参与了本书课件和视频的制作。由于编者水平有限，书中纰漏在所难免，敬请读者批评和指正。编者的邮箱为 79450665@qq.com。

感兴趣的读者可以加入本书读者讨论群，QQ 交流群号：826546467，主编教师在线答疑。

编　者

2022 年 3 月

第一版前言

人工智能（AI）是研究、开发用于模拟、延伸和扩展人的智能的理论、方法、技术及应用系统的一门新的技术科学，是计算机科学的一个分支。人工智能的发展速度非常快，在教育、经济、工业等领域得到了越来越广泛的应用。

目前，很多高职院校希望在大一新生的通识教育中增加人工智能概论课程，向学生普及人工智能基础知识。目前市场上有关人工智能的书籍主要有两种类型：一是专业基础类教材，偏重人工智能的原理和算法，适合作为计算机信息类专业学生的专业基础课程教材；二是科普读物，面向普通大众，以科普为目的，趣味性强，信息量少。这两类书籍受受众对象、编排、体例等限制，均不适合作为高职学生人工智能通识类课程的教材。

本教材解决了这方面的问题，主要有如下特点。

（1）理论够用。高职教材需要有一定的理论知识，但作为面向所有专业学生的通识类课程，教授过于艰深的理论知识显然是不适宜的。因此，理论知识的选择就很重要，要够用，要易懂，要深入浅出。本教材用浅显的语言讲述人工智能的基本原理、基本方法和基本应用，可使学生对人工智能有一个大概的了解。

（2）案例丰富。本教材对人工智能领域最新、最广为人知的案例进行剖析讲解，展示了人工智能在各个领域的最新应用。

（3）简明易懂。本教材内容精悍，文字表述简单，浅显易懂，不仅适合作为高职学生的教材，也适合普通读者作为科普读物来阅读。

（4）富媒体资源。本教材有配套的多媒体课件和完整的视频教学资源，可供读者辅助学习。

本教材由任云晖、丁红、徐迎春担任主编，沙有闯、戚华、穆红涛担任副主编，刘峻任主审。丁红制定内容提纲并统稿，任云晖审定，刘峻负责最终审定。万江云参与了本书课件和视频的制作。

本教材得到了江苏省高职院校教师专业带头人高端研修项目的资助。

由于编者水平有限，书中纰漏在所难免，敬请读者批评和指正。编者的邮箱为 79450665@qq.com。

编　者

2020 年 3 月

目　录

人工智能是什么

第 1 章

人工智能概述

1.1 人工智能的概念

1. 人工智能是什么？

人工智能（Artificial Intelligence，AI），是研究、开发用于模拟、延伸和扩展人的智能的理论、方法、技术及应用系统的一门新的技术科学。人工智能是计算机科学的一个分支，它企图了解智能的实质，并生产出一种新的能以与人类智能相似的方式作出反应的智能机器。

通俗地说，人工智能就是用机器模拟人类大脑的信息处理能力。

人类大脑的神经网络由大量的神经元组成（图 1-1）。神经元的基本功能是接收信息、整合信息、传导信息和输出信息。人的所有行为和表现都是大脑对感觉器官接收到的信息进行处理后的输出反应。

人工智能的核心技术之一就是用人工神经网络模拟人脑神经网络（图 1-2），使其能够接收输入信息，并经过神经网络的分析、计算，得出相应的输出结果。

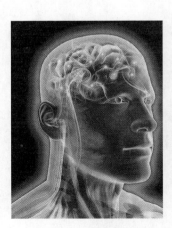

图 1-1　人脑神经网络

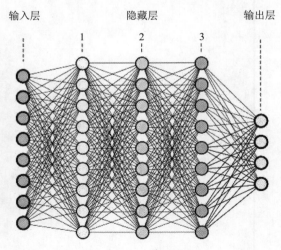

图 1-2　人工神经网络

人工智能最大的特点是具有学习能力，就像人类大脑一样。一个人生下来以后，要接收外部的各种信息，经过十几年的成长和学习，最后才能成为一个具有一定经验和知识积累的、具有自主学习能力的成年人。人工神经网络设计好之后，也需要经过大量的数据训练，才具有一定的学习能力、辨识能力、判断能力、推理能力。

让计算机能够产生智能需要三个要素：数据、算法、算力。

计算机需要从大数据中学习获得信息，才能实现智能，因此大数据对人工智能的发展具有决定性作用。最近十几年，随着互联网的迅猛发展和普及，数据量暴涨，进而推动了人工智能技术的新一轮发展。

人工智能算法其实就是数学模型，通过对大量数据的学习训练，不断调整优化这个模型的参数，使它的功能达到最佳。例如语音识别的数学模型，通过对大量语音进行识别训练，将参数调整到能够实现识别率达到98%以上。这个对大量数据进行学习的过程称为机器学习。目前应用最为广泛的人工智能数学模型叫人工神经网络。

对大量数据进行训练需要功能强大的计算机硬件支持，这就是算力。在过去的近半个世纪里，计算机硬件的发展一直遵循着摩尔定律，计算机的计算能力提升很快，现在计算机的计算能力已经能够满足人工智能训练的需要，从而促进了人工智能的发展。

虽然人工智能和人类智能并不相同，但基本原理类似。一个人如果想成功，首先要学习大量的知识，其次需要有正确的学习方法，再次需要有强健的体魄，这就分别对应了数据、算法、算力。

2．图灵测试

如何判断一台机器（可以是硬件，也可以是软件）是否具有智能呢？

英国数学家、逻辑学家，被称为计算机科学之父的艾伦·图灵（Alan Turing）（图1-3），提出了著名的图灵测试。图灵测试的过程是：让一台机器与人类展开对话（提问者通过键盘、话筒或其他输入装置进行提问）。提问者向机器随意提问，双方分隔开，人类并不知道对话的是人还是机器。经过多次测试，如果有超过30%的提问者认为回答问题的是人而不是机器，那么这台机器就通过了测试，具有智能。

图 1-3　艾伦·图灵

图灵还为这项测试亲自拟定了以下几个示范性问答。

问：请给我写出有关"第四号桥"主题的十四行诗。

答：不要问我这道题，我从来不会写诗。

问：34957 加 70764 等于多少？

答：（停 30 秒后）105721。

问：你会下国际象棋吗？

答：是的。

问：我在我的 K1 处有棋子 K，你仅在 K6 处有棋子 K，在 R1 处有棋子 R。轮到你走，你应该下哪步棋？

答：（停 15 秒钟后）棋子 R 走到 R8 处，将军！

图灵指出："如果机器在某些现实的条件下，能够非常好地模仿人回答问题，以致提问者在相当长的时间里误认为它不是机器，那么机器就可以被认为是能够思考的。"

从表面上看，要使机器回答在一定范围内提出的问题似乎没有什么困难，可以通过编制特殊的程序来实现。然而，如果提问者并不遵循常规标准，"是机器还是人"就很容易被分辨出来。

例如，提问与回答呈现出下列状况。

问：你知道李白吗？

答：知道，他是唐朝著名诗人。

问：你知道李白吗？

答：知道，他是唐朝著名诗人。

问：你知道李白吗？

答：知道，他是唐朝著名诗人。

提问者：多半会想到，面前的这位是一个机器。

如果提问与回答呈现出另一种状态。

问：你知道李白吗？

答：知道，他是唐朝著名诗人。

问：你知道李白吗？

答：是的，我不是已经说过了吗？

问：你知道李白吗？

答：你烦不烦，为什么老提同样的问题？

那么，这大概率是人而不是机器。

上述两种回答的区别在于，第一种可让人明显地感到回答者是从知识库里提取简单的答案，第二种则表示回答者具有分析综合的能力，知道提问者在反复提出同样的问题，会给出情绪的反应。

当然，人工智能发展到现在的阶段，机器肯定可以对类似的问题作出反应，例如"这个问题你已经问过三遍了，不要再问啦！"。

图灵测试没有规定问题的范围和提问的标准，如果想要制造出能通过测试的机器，就需要机器具有学习能力、思考能力、推理能力、判断能力，能够对提问给予符合常理的回答。

图灵测试看似简单，其实非常严苛，因为提问者的问题没有限制范围，这对机器的要求非常高。直到 2014 年，才有一个聊天机器人电脑程序成功让人类相信它是一个 13 岁的男孩，成为有史以来首台通过图灵测试的计算机。

2015 年，*Science* 杂志刊登了一篇重磅研究：人工智能终于能像人类一样学习，并通过了图灵测试。测试的对象是一种 AI 系统，研究者展示了它未见过的书写系统中的一个字符例子，并进行让它写出同样的字符、创造相似字符等实验。结果表明，这个系统能够迅速学会写陌生的文字，同时还能识别出非本质特征（也就是那些因书写造成的轻微变异），通过了图灵测试，这是人工智能领域的一大进步。

我国的人工智能研究虽然起步较晚，但后来追上，在政府的大力支持下，最近十来年在研究和应用领域都取得了迅猛发展。2017 年，由北京中科汇联科技股份有限公司研发的"小薇"是中国第一个通过图灵测试的作诗机器人。

对于机器是否具有智能的判断，除了图灵测试之外，也有很多计算机科学家认为，如果计算机实现了下面几件事情中的一件，就可以认为它具有智能属性：

● 语音识别；

● 机器翻译；

● 文本的自动摘要或者写作；

● 战胜人类的象棋冠军；

● 自动回答问题。

今天的很多计算机已经完成了上面几个目标，手机的很多软件都可以实现语音识别；能够实现机器翻译、自动生成文本摘要的软件也很多；阿尔法狗已经战胜了世界围棋冠军；机器人客服可以和客户自如地沟通；这些计算机和相关的App 软件都是具有智能特性的。

1.2　人工智能的发展

计算机是 20 世纪 40 年代发明的。伴随着计算机的发展，人工智能的概念在 20 世纪 50 年代被提出来，这中间经历了研究的热潮和低潮。直到 21 世纪，人工智能才开始进入了一个飞速发展的时期。因为人工智能的发展需要大数据技术的支持，需要计算机强大的计算能力支撑，所以只有当计算机的计算能力发展到一定阶段，当互联网平台的迅猛发展提供了海量的数据，人工智能才能在此基础之上进行发展，这也是最近几年人工智能迅猛发展的主要原因。

首先提出智能概念的是计算机之父——图灵，所以我们先谈一谈人工智能在国外发展中的里程碑式重要事件：

1950 年：艾伦·图灵发表了论文《计算机器和智能》，提出了图灵测试。

1952 年：计算机科学家亚瑟·塞缪尔（Arthur Samuel 被誉为"机器学习之父"）设计了一款可以学习的西洋跳棋程序，这个程序能通过观察棋子的走位来构建新的模型，并用其提高自己的下棋技巧，从而在下棋过程中逐步提高棋艺。这是一款具有学习能力、具有智能特性的程序。

1956 年：约翰·麦卡锡（John McCarthy，数学博士）、马文·闵斯基（Mavin Minsky，人工智能与认知学专家）、克劳德·香农（Claude Shannon，信息论的创始人）、艾伦·纽厄尔（Allen Newell，计算机科学家）、希尔伯特·西蒙（Herbert Simon，诺贝尔经济学奖得主）等科学家在达特茅斯会议上聚集在一起，讨论的主题是用机器来模仿人类学习以及其他方面的智能。这次会议在人工智能发展史上有重要意义，这一年被称为"人工智能元年"。参加会议的 10 个年轻人后来全部成了计算机科学和人工智能领域的泰斗级科学家，其中有 4 个人获得了图灵奖。

1958 年：麦卡锡开发了 Lisp，这是人工智能研究中很受欢迎的编程语言，也是一门应用非常广泛的人工智能语言。

1961 年：乔治·德沃尔（George Devol，机器人的发明者之一）发明的工业机器人 Unimate 成为第一个在新泽西州通用汽车装配线上工作的机器人。Unimate 是一个机械臂，它的职责包括从装配线运输压铸件并将零件焊接到汽车上，如图 1-4 所示。

图 1-4　第一台工业机器人 Unimate 在工作

1968—1972 年：美国斯坦福国际研究所研制了移动式机器人 Shakey。这是第一台具备一定智能属性，能够自主进行感知、环境建模、行为规划并执行任务的机器人，如图 1-5 所示。

图 1-5　第一台移动机器人 Shakey

1973 年：第一个拟人机器人 WABOT-1 在日本早稻田大学建造。它包括了肢体控制系统、视觉系统、会话系统。WABOT-1 可以用嘴巴进行简单的日语对话，用耳朵、眼睛测量距离和方向，再靠双脚行走前进，而且两只手也具有触觉，可以搬运物体，如图 1-6 所示。

1972 年：计算机科学家、康奈尔大学教授弗莱德里克·贾里尼克（Frederek Jelinek）采用统计学数学模型加数据驱动的方法来研究语音识别问题，取得了很大成功，将语音识别率提高到 90% 以上。

1979 年：斯坦福大学人工智能研究中心研制的一个移动机器人——斯坦福推车，在没有人工干预的情况下自动穿过摆满椅子的房间，前后行驶了 5 个小时，相当于早期的无人驾驶汽车。

1984 年：日本早稻田大学研制出 WABOT-2 机器人。这是一个人形音乐机器人，可以与人沟通、阅读乐谱，还可以演奏普通难度的电子琴，如图 1-7 所示。

图 1-6　第一个拟人机器人 WABOT-1

图 1-7　WABOT-2 机器人

1986 年：慕尼黑大学开发了一辆配备摄像头和传感器的无人驾驶的奔驰厢式货车。它能够在没有其他障碍物和人类驾驶员的道路上行驶。

1988 年：罗洛·卡朋特（Rollo Carpenter）开发了聊天机器人 Jabberwacky，它可以用有趣、娱乐、幽默的形式模拟人类对话。

1989 年：燕乐存（Yann LeCun）与 AT&T 贝尔实验室的其他研究人员携手合作，成功将反向传播算法应用于多层神经网络，用于识别手写邮编数字。由于当时的硬件存在限制，训练神经网络花了 3 天时间。

1995 年：理查德·华莱士（Richard Wallace）开发了聊天机器人 A.L.I.C.E（Artificial Linguistic Internet Computer Entity）。由于互联网已经出现，网络为华莱士提供了海量自然语言数据样本用于训练。

1997 年：计算机科学家赛普·霍克赖特（Sepp Hochreiter）和于尔根·施密德胡伯（Jürgen Schmidhuber）开发了长短期记忆网络（LSTM）。这是一种时间递归神经网络，用于手写和语音识别。

1997 年：由 IBM 开发的国际象棋电脑"深蓝"（Deep Blue）成为第一个赢得国际象棋比赛并与世界冠军相匹敌的人工智能系统，如图 1-8 所示。

图 1-8　深蓝（Deep Blue）首次战胜棋王卡斯帕罗夫

1998 年：戴夫·汉普顿（Dave Hampton）和钟少男（Caleb Chung）发明了 Furby，这是第一款儿童玩具机器人，最大的特点是可以通过和主人谈话来学习语言。

1999 年：索尼推出了 AIBO，一种价值 2000 美元的机器人宠物狗，它通过与环境、所有者和其他 AIBO 的互动来"学习"。其功能包括理解和响应 100 多个语音命令并与其所有者进行通信。

2000 年：MIT 研究人员西蒂亚·布雷泽尔（Cynthia Breazeal）开发了

Kismet，一个可以识别、模拟表情的机器人。

2000 年：本田推出了 ASIMO，一个人工智能拟人机器人，可以像人类一样快速行走，在餐馆内可以将盘子送给客人。

2002 年：i-ROBOT 发布了 Roomba，一种自动真空吸尘器机器人，可在避开障碍物的同时进行清洁。由此，人工智能进入了家居领域，替代人类做一些简单重复的工作。

2004 年：美国国家航空航天局（NASA）的机器人火星探索漫游者在没有人为干预的情况下探索火星的表面。

2006 年：奥伦·埃奇奥尼（Oren Etzioni）、米歇尔·班科（Michele Banko）和迈克尔·卡法雷拉（Michael Cafarella）创造了"机器阅读"这一术语，意思是系统不需要人的监督就可以自动学习文本。

2007 年：杰弗里·辛顿（Geoffrey Hinton）发表 *Learning Multiple Layers of Representation*。根据他的构想，可以开发出多层神经网络，包括自上而下的连接点，可以生成感官数据训练系统，而不是用分类的方法训练。因为多层神经网络的出现，人工智能开始进入飞速发展阶段。

2009 年：谷歌秘密开发了一款无人驾驶汽车。2014 年，它通过了内华达州的自动驾驶测试。

2009 年：西北大学智能信息处理实验室的研究人员开发了 Stats Monkey，它是一款可以自动撰写体育新闻的程序，不需要人类干预。

从 2010 年开始，人工智能已经融入我们的日常生活中。人们使用具有语音助理功能的智能手机和具有"智能"功能的计算机，很多购物网站开始根据个人喜好来进行广告推送，一些智能小家电开始走进我们的生活。

2010 年：ImageNet 大规模视觉识别挑战赛（ILSVCR）举办，比较人工智能产品在影像辨识和分类方面的运算能力。

2010 年：微软推出了 Kinect for Xbox 360，这是第一款使用 3D 摄像头和红外探测跟踪人体运动的游戏设备。

2011 年：IBM 开发的自然语言问答计算机沃森在益智节目危险边缘（Jeopardy）中击败两名前冠军。

2011 年：苹果发布了 Siri——一款苹果 iOS 操作系统的虚拟助手。Siri 使用自然语言用户界面来向人类用户推断、观察、回答和推荐事物。它适应语音命令，并为每个用户投射"个性化体验"。

2011 年：瑞士 Dalle Molle 人工智能研究所发布报告称，用卷积神经网络识别手写笔迹，错误率只有 0.27%，与前几年 0.35%～0.40% 的错误率相比，进步巨大。

2012 年：杰夫·迪恩（Jeff Dean）和吴恩达（Andrew Ng）发布了一份实验报告。他们向大型神经网络展示 1000 万张随机从 YouTube 视频中抽取的未标记的图片，发现当中的一个人工神经元对猫的图片特别敏感，能够识别出猫。

2013 年：来自卡内基梅隆大学的研究团队发布了 Never Ending Image Learner（NEIL）程序，这是一种可以比较和分析图像关系的语义机器学习系统。

2014 年：微软发布了全球第一款个人智能助理 Cortana，是微软在机器学习和人工智能领域方面的尝试。

2014 年：亚马逊创建了语音助手 Alexa，后来发展成智能扬声器，可以充当"个人助理"。

2016 年：谷歌 DeepMind 公司研发的围棋机器人 AlphaGo 击败围棋冠军李世石。AlphaGo 的原理就是深度学习。

2016 年：美国机器人公司 Hanson Robotics 创建了一个名为 Sophia 的人形机器人，如图 1-9 所示，她被称为第一个"机器人公民"。Sophia 与以前类人生物的区别在于她与真实的人类相似，能够看到（图像识别）物体，做出面部表情，还能够与人类正常交流。

图 1-9　人形机器人 Sophia

2016 年：谷歌发布了一款智能扬声器 Google Home，使用人工智能充当"个人助理"，帮助用户记住任务、创建约会，并通过语音搜索信息。

2017 年：Facebook 人工智能研究实验室培训了两个"对话代理"（聊天机器人），以便相互沟通，以学习如何进行谈判。之后，他们偏离了人类语言（用英语编程）并发明了自己的语言来相互交流，在很大程度上展示了人工智能的强大学习能力。

2017 年：由谷歌 DeepMind 公司团队开发的围棋机器人 AlphaGo 与排名世界第一的世界围棋冠军柯洁对战，以 3 比 0 的总比分获胜。

2018 年：阿里巴巴语言处理 AI 在斯坦福大学的阅读理解测试中得了 82.44 分，超过人类选手的 82.304 分。

2019 年 1 月 30 日，*Science Robotics* 发表了美国哥伦比亚大学研究人员在机器人研发方面取得的重大进展。他们开发的人工智能机械臂能够在没有任何物理学、几何学和运动动力学先验知识的情况下自建模型来适应不同情况，处理新任务，以及检测和修复自身损伤。这表明人工智能不但具有学习能力，还有自我修复能力。

最近几年，人工智能技术的应用越来越普及，发展速度也越来越快，对我们生活的影响也越来越大。

1.3　人工智能在中国的发展

我国的人工智能研究主要起步于改革开放以后。进入 21 世纪，人工智能开始蓬勃发展，在研究和应用领域都取得了很多丰硕成果。特别是近几年来，中国的人工智能发展已成为国家战略发展的重要组成部分。

2015 年 5 月，国务院发布《中国制造 2025》，部署全面推进实施制造强国战略。这是中国实施制造强国战略的第一个十年的行动纲领，其中核心内容就是实现制造业的智能化升级。

2015 年 7 月在北京召开了"2015 中国人工智能大会"。发表了《中国人工智能系列白皮书》，包括《中国智能机器人白皮书》《中国自然语言理解白皮书》《中国模式识别白皮书》《中国智能驾驶白皮书》和《中国机器学习白皮书》，为中国人工智能相关行业的科技发展描绘了一个轮廓，给产业界指引了发展方向。

2016 年 4 月，工业和信息化部、国家发展和改革委员会、财政部等三部委联合印发了《机器人产业发展规划（2016—2020 年）》，为"十三五"期间中国机器人产业发展描绘了清晰的蓝图。人工智能也是智能机器人产业发展的关键核心技术。

2016 年 5 月，国家发展和改革委员会和科学技术部等 4 部门联合印发《"互联网＋"人工智能三年行动实施方案》，明确未来 3 年智能产业的发展重点与具体扶持项目，进一步体现出人工智能已被提升至国家战略高度。

2017 年 7 月 8 日，国务院印发的《新一代人工智能发展规划》提出要"抢抓人工智能发展的重大战略机遇，构筑我国人工智能发展的先发优势，加快建设创新型国家和世界科技强国"。

2019 年 3 月，中央全面深化改革委员会第七次会议审议通过了《关于促进人工智能和实体经济深度融合的指导意见》，会议指出"促进人工智能和实体经济深度融合，要把握新一代人工智能发展的特点，坚持以市场需求为导向，以产业应用为目标，深化改革创新，优化制度环境，激发企业创新活力和内生动力，结合不同行业、不同区域特点，探索创新成果应用转化的路径和方法，构建数据驱动、人机协同、跨界融合、共创分享的智能经济形态"。

2021 年制定的国家"十四五"规划中，将新一代人工智能技术作为重点发展规划，其中和人工智能技术密切相关的云计算技术、大数据技术、物联网技术、工业互联网技术、5G 通信技术等都是"十四五"规划重点发展的产业。

一系列国家纲领性文件的出台都体现了中国已把人工智能技术提升到国家战略发展的高度，为人工智能的发展创造了前所未有的优良环境，也赋予人工智能艰巨而光荣的历史使命。

中国的人工智能研究和应用也取得了丰硕的成果，正在逐渐改变很多行业的形态，也在逐渐改变人们的生活方式。图像识别技术在很多地方得到了广泛应用，很多城市的小区或单位采用人脸识别或者指纹识别来验证身份；很多国家重大的考试采用人脸识别来严格验证考生身份以防代考；天网工程和人脸识别技术的结合使用可以方便锁定罪犯、及时抓捕，提高案件的破案率，使中国成为全世界最安全的国家之一；医疗影像智能识别可以实现机器看片、机器阅片，提高医生的看病效率和准确率。

人工智能在工业领域也获得了广泛应用，人工智能将引起第四次工业革命，很多企业开始向智能化转型，实现从生产方式到管理方式的智能化升级。

2020 年疫情爆发期间，人工智能在抗疫过程中发挥了重要作用，AI 算法能大大缩短病毒基因全序列对比的时间，人脸识别等技术能够及时发现疑似病例并开展流行病学调查，大数据可以帮助各级政府和相关部门准确判断各产业、各企业的复工复产情况。在疫情防控最严峻的阶段，以人工智能技术等为支撑的电商活动成为维系经济社会正常运转的重要力量。在一些地方，无人车配送真正实现了"无接触，更安全"。

2021 年，一款名为"华智冰"的虚拟机器人在北京正式亮相并进入清华大学计算机科学与技术系知识工程研究室学习，这也是人工智能领域的一个有趣尝试，可以观察比较机器人和人类的学习能力和学习效果。

2022 年 2 月的冬奥会期间，中国的人工智能技术又火了一把。在智慧餐厅，从厨师到服务生均为机器人，中外媒体记者只需在餐桌上扫码点单，色香味俱佳的佳肴就会通过空中云轨，自动送达对应餐桌上空，呈现在用户眼前。各司其职的中餐烹饪机器人接受过长期实践检验，烹饪水平不亚于优秀厨师。在冬奥会火炬传递中，奥运史上首次实现机器人与机器人之间在水下的火炬传递，由水陆两栖机器人与水下变结构机器人在北京冬奥公园水下完成。在冬奥会开幕式中、在比赛现场，都可以看到人工智能技术的应用，这些都展示了中国在人工智能领域的研究和制造成就。

目前，人工智能的核心技术如大数据技术、云计算技术、人工神经网络技术、5G 通信技术在中国都得到了迅猛发展，并得到国家的大力支持，取得了很多应用成果，进一步推动了人工智能技术的迅猛发展，并将由此推动国家的经济建设和工业升级，实现中华民族的伟大复兴。

1.4　人工智能的分类

最近几年，人工智能飞速发展，在各个行业都得到了大量的应用，人工智能产品随处可见。

从与人的融合程度来划分，人工智能产品的发展可以划分为三个阶段：一是"识你"的阶段，就是让机器人或者设备来认识你，知道你是谁，例如人脸识别、语音识别、指纹识别等；二是"懂你"的阶段，就是让机器知道你想要什么、习惯什么、喜欢什么，知道你的日常行为，这是深度场景融合；三是"AI 你"的阶段，人工智能真正能够为人类提供点对点的定制化的智能服务，真正进入智能时代，这也是人工智能的终极目标。目前，人工智能产品基本实现了"识你"，正在"懂你"的路上飞速发展，还没有实现"AI 你"。

按照发展过程及功能强度来划分，人工智能可分为三种类型：弱人工智能、强人工智能、超人工智能。

1. 弱人工智能

弱人工智能（Artificial Narrow Intelligence，ANI）是只具有某个方面能力的人工智能。例如，能战胜围棋世界冠军的人工智能机器人 AlphaGo，它只会下围棋，如果问其他的问题，它就不知道怎么回答了。只擅长单方面能力的人工智能就是弱人工智能。

我们身边的弱人工智能应用很多，例如智能音箱，具有语音识别功能，可以根据指令要求播放故事或歌曲，可以定时，可以提醒主人相关事宜；智能手机上的购物软件可以分析用户购物习惯、搜索记录，进行个性化推送；扫地机器人会自动规划路径，听得懂语音指令，能够自动充电。

2. 强人工智能

强人工智能也称为通用人工智能（Artificial General Intelligence，AGI），是一种能力和人类相似的人工智能。

强人工智能在各方面都能和人类智能比肩，人类能干的脑力活、体力活，它都能干。强人工智能具备人类的心理能力，能够进行思考、计划、解决问题，具有抽象思维，能够理解复杂理念、快速学习和从经验中学习等。强人工智能在进行这些活动时和人类一样得心应手。

创造强人工智能产品比创造弱人工智能产品难得多。

3. 超人工智能

超人工智能（Artificial Super Intelligence，ASI）几乎在所有领域都比人类大脑聪明很多，包括科学创新、通识和社交技能。

超人工智能目前仍然只是一个概念，还没有证据表明人类可以研究出一个可以全方位超越自己的机器。

1.5 人工智能的研究方向

人工智能是模拟人类的意识和思维，对人类视觉、听觉、语言能力、思维能力、肢体动作的模仿是人工智能的重要研究方向。目前，人工智能的主要研究方向有机器视觉、语音识别、自然语言处理、机器学习、机器人技术等。

1. 机器视觉

机器视觉主要研究如何对物体进行识别，因为未来机器需要具备视觉场景理解能力，不仅要能够准确地识别物体，还要能够结合人类知识分析具体场景。

一个机器视觉系统是通过机器视觉产品（图像摄取装置，分 CMOS 和 CCD 两种）将被摄取的目标转换成图像信号，传送给专用的图像处理系统，得到被摄目标的形态信息，根据像素分布和亮度、颜色等信息，将其转变成数字化信号；图像系统通过对这些信号进行各种运算来抽取目标的特征，然后根据判别的结果来控制现场的设备动作，或者给出识别结果。

目前，机器视觉中的图像识别技术发展已经非常成熟，最典型的应用有人脸识别、物体识别、花草识别、动物识别等，很多 App 或者微信小程序都有这些功能。

车牌识别、医学影像识别也都属于机器视觉的应用，无人驾驶、无人机中都有机器视觉技术的影子。

在工业领域，机器人中的机器视觉系统最基本的功能就是提高了生产的灵活性和自动化程度。在一些不适合人工作的危险工作环境或者人的视觉难以满足要求的场合，常用机器视觉来代替人工视觉。

我国在机器视觉领域的技术应用发展迅猛，人脸识别技术、图像识别技术在很多行业、很多场合得到了广泛应用。

2. 语音识别

语音识别技术，也被称为自动语音识别（Automatic Speech Recognition，ASR），目标是将人类语音中的词汇内容转换为计算机可读的输入。

语音识别技术开始于 20 世纪 50 年代，一开始只能识别 10 个数字的英文发音，渐渐发展到可以识别特定人的语音，但能够识别的词汇量还比较少，识别率不高。

进入 21 世纪以后，由于新技术的应用，语音识别准确率有了很大提高，而且能够识别的词汇量很大，对发音的标准性没有非常严格的要求，普通人就可以使用语音识别技术实现语音 / 文本转换，可以实现快速的文本输入。语音识别技术实现快速的文本输入让打字员这个职业的需求量逐年减少，因为很多人不再使用传统的输入法，采用直接语音输入。

现在的智能手机大都有语音识别系统，用户可以通过语音输入文字，十分方便快捷。很多 App 也都支持语音识别，例如导航系统、购物网站、搜索引擎等。

目前，我国的语音识别技术已经和国际上的超级大国实力相当。

3. 自然语言处理

自然语言处理是一门融语言学、计算机科学、人工智能于一体的科学，解决的问题是如何让机器理解自然语言并给予应答。

从弱人工智能向强人工智能的发展过程中，能够和人类进行自然沟通和交流是人工智能的一个重要能力，且沟通过程中存在语调、情感等问题，这些是自然语言处理所要研究的。

自然语言处理和语音识别的区别是，前者需要理解语义，而后者不需要理解语义。所以从技术难度来讲，自然语言处理难度更高。

自然语言处理比语音识别技术所包括的范围更广，语音识别技术解决的是"听见"的问题，自然语言处理既要"听得懂"，又能"给予自然的回应"。例如机器人客服需要能够理解顾客的表达，并能够针对每个不同的诉求给出相应的回应。

自然语言处理技术受到了我国政府的关注。2017 年，国务院印发了《新一代人工智能发展规划》，明确指出建立新一代人工智能关键共性技术体系，自然语言处理技术被列为八项关键共性技术之一。

4. 机器学习

机器学习是人工智能的核心技术，是让计算机具有智能的根本途径，其研究的是如何让计算机模拟或实现人类的学习行为，以获取新的知识或技能，进而能够实现自身的不断进步。

机器学习的对象是大数据，研究如何从海量数据中获取隐藏的、有效的、可理解的知识。大数据时代，如何基于机器学习对复杂多样的数据进行深层次地分析、更高效地利用成为当前大数据环境下机器学习研究的主要方向。

随着大数据时代各个行业对数据分析需求的持续增加，通过机器学习高效地获取有用知识已逐渐成为当今机器学习技术发展的主要推动力。

机器视觉、语音识别、自然语言理解等应用的技术基础都包含机器学习。

5. 机器人技术

模仿人类不但要"看得见""听得懂""会说"，还需要一个合适的容器，方便在相应的场景下更好地工作，这就是机器人技术研究的内容。

机器人技术是与机器人设计、制造和应用相关的科学，又称为机器人学或机器人工程学，主要研究机器人的控制与被处理物体之间的相互关系。

机器人是一个综合性的课题，除机械手和步行机构外，还要研究机器视觉、触觉、听觉等信息传感技术，以及机器人语言和智能控制软件等，是一个涉及精密机械、信息传感技术、人工智能方法、智能控制及生物工程等学科的综合技术。这一领域的研究有利于促进各学科的相互结合，并大大推动人工智能技术的发展。

1.6 人工智能的应用

人工智能已在机器视觉（指纹识别、人脸识别、视网膜识别、虹膜识别、掌纹识别、医学影像识别）、专家系统、自动规划、智能搜索、定理证明、博弈、自动程序设计、智能控制、机器人学、语言和图像理解、遗传编程等诸多领域得到了应用，尤其在自然科学研究中发挥的作用很大。与此同时，人工智能也对人类社会生活、政治经济、科学技术等方面产生了巨大且深刻的影响。未来，人工智能必将和各行各业紧密结合，给各个行业带来巨大变化，"人工智能＋"是未来的发展趋势。人工智能技术的广泛应用将引起第四次工业革命，即智能革命。我国政府之所以高度重视人工智能技术的发展，就是希望能够抓住智能革命的机遇，实现经济的转型和腾飞，实现国家富强的发展目标。

人工智能会在未来改变很多产业（行业）格局，一些新的产业（行业）会出现，但更多的改变是对现有产业（行业）的改造。"人工智能＋现有产业（行业）"是很多行业的发展变迁方向。产业的升级和变迁，会比现在的产业更好地满足人类的个性化需求，带来整个社会的升级和变迁。

1. 人工智能＋教育

人工智能和教育的结合在一定程度上可以改善教育行业师资分布不均衡、费用高昂等问题，从工具层面给师生提供更高效的学习方式。例如通过图像识别，可以进行机器批改试卷；通过大数据分析，可以进行个性化指导；通过语音识别，可以纠正、改进发音；通过人机交互，可以进行在线答疑解惑等。

2. 人工智能＋家居

智能家居主要是基于物联网技术和人工智能技术，通过智能硬件和软件系统、云计算平台构成一套完整的家居生态圈。用户可以远程控制设备，设备间可以互联互通，并进行自我学习等，从而整体优化家居环境的安全性、节能性、便捷性。

近年来，随着智能语音技术的发展，智能音箱成为一个爆发点。智能音箱不仅是音响产品，同时也是涵盖了内容服务、互联网服务及语音交互功能的智能化产品，不仅具备 Wi-Fi 连接功能，可以提供音乐、有声读物等内容服务及信息查询、网购等互联网服务，还能与智能家居连接，实现场景化智能家居控制。

未来的所有家电产品都会朝智能化方向发展，例如智能灯可以根据家居场景自动调节亮度，智能冰箱会对冰箱中菜的新鲜程度进行评估、会根据家庭成员的健康状况制定菜谱，智能空调也会根据家庭成员的身体状况调节温度等。

3. 人工智能＋经济

人工智能的产生和发展，改变了经济行业的很多状态，不仅促进了金融机构服务的主动性、智慧性，有效提升了金融服务效率，而且提高了金融机构风险管控能力，为金融产业的创新发展带来了积极影响。金融行业是人工智能渗透最早、最全面的行业，人工智能在金融领域的应用主要包括身份识别、大数据风控、智能投顾、智能客服、金融云等。未来人工智能将持续带动金融行业的智能应用升级和效率提升。

4. 人工智能＋视觉

计算机视觉的研究重点是使计算机能像人一样观察和感知世界。计算机视觉的核心任务就是对图像进行理解、场景分类、目标识别、图像分类、目标定位、目标检测、语义分割、三维重建、目标跟踪等。近几年，深度学习的出现促进了计算机视觉研究的飞速发展。目前，安全、娱乐、营销、金融、医疗等是计算机视觉技术最先落地的商业化领域。可以想见，计算机视觉将会在未来的生活中随处可见。

5. 人工智能＋工业

在工业领域，工业4.0、中国制造2025都涉及人工智能的应用。

智能制造是在基于互联网的物联网意义上实现的包括企业与社会在内的全过程的制造，把工业4.0的"智能工厂""智能生产""智能物流"进一步扩展到"智能消费""智能服务"等全过程的智能化中去。

人工智能在工业领域的应用主要有三个方面：首先是智能装备，包括自动识别设备、人机交互系统、工业机器人及数控机床等具体设备；其次是智能工厂，包括智能设计、智能生产、智能管理及集成优化等具体内容；最后是智能服务，包括大规模个性化定制、远程运维及预测性维护等具体服务模式。

虽然目前人工智能的解决方案尚不能完全满足制造业的要求，但作为一项通用性技术，人工智能与工业制造业的融合是大势所趋。

当然，人工智能不仅仅局限于以上各个方面的应用。随着人工智能的发展，每一个行业都会受到人工智能的影响和改变，人工智能技术将成为我们生活中不可分割的一个部分。

习 题

1. 下面 _____ 是人工智能的核心技术。

    A．人工神经网络　　　　　B．人脑神经网络

    C．图灵测试　　　　　　　D．计算机技术

2. 下面 _____ 是人工智能的重要特点。

    A．人形外形　　　　　　　B．可以和人类交流

    C．具有学习能力　　　　　D．可以识别物体

3. 下面的说法中，错误的是 _____。

    A．人工智能的发展目前还处在弱人工智能阶段

    B．还没有任何证据显示人类可以制造出强人工智能

    C．人脸识别属于机器视觉的研究领域

    D．语音识别和自然语言处理的研究内容一样

4. 举例说明你身边的人工智能应用。

第 2 章

人工智能的相关技术

人工智能的核心要素包括数据、算力和算法。其中，数据指的就是大数据，是人工智能发展的基石；算力，指的是计算机的超级计算能力，是人工智能发展的保障；算法是人工智能的灵魂。三者相辅相成、相互依赖、相互促进，共同推动人工智能向前发展。

2.1 大数据技术

对于一个人的成长来说，读万卷书是知识的积累，行万里路是阅历和见识的积累，两者都是学习的过程。人工智能是模拟人类的技术，也需要"学习"，这个学习的对象就是大量的数据，这就涉及了大数据技术。

大数据技术和云计算技术

1. 大数据技术的概念

大数据技术，就是根据特定目标，对海量数据进行收集与存储、筛选、分析与预测、数据分析展示等一系列操作的技术手段。大数据技术为作出正确决策提供依据，其数据级别通常在 PB 以上。

大数据的四大特性，即 4V——Volume（体量大）、Variety（多样化）、Velocity（速度快）、Value（价值密度低），如图 2-1 所示。也有人认为是 5V，第五个 V 是 Veracity（真实性）。

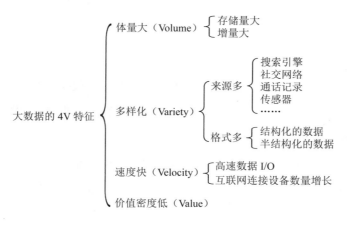

图 2-1 大数据的四大特性

2. 大数据的来源

大数据的来源有很多，主要包括以下三个。

（1）人类的活动数据。人们通过社会网络、互联网、健康、金融、经济、交通等活动所产生的各类数据都是大数据的来源。

互联网时代，每个网民都是数据的记录者和制造者。人们在网上聊天、购物、交流讨论、记录分享，从而汇集成了巨大的数据集。医疗机构、金融机构、教育机构、购物平台、交通机构每天都会录入或采集大量的数据。网络的普及、计算机存储能力的提高都为大数据的收集、传播和存储提供了便利。

中国互联网络信息中心（CNNIC）于 2021 年 8 月 27 日在京发布第 48 次《中国互联网络发展状况统计报告》，报告显示，截至 2021 年 6 月，我国网民规模达 10.11 亿，互联网普及率达 71.6%。10 亿用户接入互联网，形成了全球最为庞大、生机勃勃的数字社会。我国建立了全球最大信息通信网络，数字新基建基础不断夯实。以网上外卖为例，外卖平台记录了大量的消费数据。尤其是疫情以来，以生鲜、药品为代表的即时配送业务飞速发展，与餐饮外卖共同助力惠民生、稳经济。

（2）计算机中的数据。各类计算机信息系统产生的数据以文件、数据库、多媒体等形式存在，也包括审计、日志等自动生成的信息，这些都是大数据的来源。

（3）物理世界的数据。各类数字设备、科学实验与观察所采集的数据也是大数据的来源之一。物联网中大量的传感器不停地记录数据，如摄像头不断产生的数字信号，医疗物联网不断产生的人的各项特征值，气象业务系统采集设备所收集的海量数据等。

3. 大数据分析

数据如果不被使用是毫无价值的。因此，需要对大数据进行分析，通过分析获取有价值的信息。此时，大数据的分析方法就显得尤为重要。大数据分析普遍存在的方法理论有以下五个方面。

（1）可视化分析。大数据的使用者有大数据分析专家，还有普通用户。他们对大数据分析最基本的要求就是可视化分析，因为可视化分析能够直观地呈现大数据特点，而且能够非常容易地被读者接受，就如同看图说话一样简单明了。

（2）数据挖掘算法。大数据分析的理论核心就是数据挖掘算法。各种数据挖掘算法以不同的数据类型和格式为基础，才能更加科学地呈现出数据本身的特点。另一方面，这些数据挖掘的算法能更快速地处理大数据。如果一个算法得花上好几年才能得出结论，那大数据的价值也就无从说起了。

（3）预测分析能力。大数据分析最重要的应用领域之一就是预测性分析，从大数据中挖掘出特点，科学地建立模型，通过模型带入新的数据，从而预测未来的数据。

（4）语义引擎。大数据分析广泛应用于网络数据挖掘，可从用户的搜索关键词、标签关键词或其他输入进行语义分析、判断用户需求，从而实现更好的用户体验。

（5）数据质量和数据管理。大数据分析离不开数据质量和数据管理。高质量的数据和有效的数据管理无论在学术研究还是在商业应用领域，都能够保证分析结果的真实性和价值。

4. 大数据的意义

现在的社会是一个高速发展的社会，科技发达，信息流通，人们之间的交流越来越密切，生活也越来越方便，大数据就是这个高科技时代的产物。阿里巴巴创始人马云在演讲中提到，未来的时代将不是 IT 时代，而是 DT 的时代。DT 就是 Data Technology（数据科技）。

大数据推动人工智能发展，主要表现在两大方面：第一，在发展意义上，人工智能的核心在于数据支持，大数据技术的一大特点就是数据资源的开放和共享，人工智能的创新应用离不开公共数据的开放和共享；第二，在发展现状上，人工智能的突飞猛进建立在大数据基础上，人工智能的发展需要学习大量的知识和经验，这些知识和经验就是各种各样的数据，海量的数据为训练人工智能提供了原材料，人工智能行业的排头兵都有强大的大数据实力，拥有的数据量不容小觑。

当然，大数据的意义并不在"大"，而在于"有用"。价值含量、挖掘成本比数量更为重要。我国网民总体规模超过 10 亿，庞大的网民规模为推动我国经济高质量发展提供强大内生动力。对于很多行业而言，如何利用这些大规模的数据是赢得竞争的关键。

2.2　云计算技术

对大数据进行分析和计算，需要强大的计算能力即算力的支撑。计算机发展到今天，云计算技术的出现为人工智能的发展提供了助力。

1.　云计算思想的产生

现实生活中普遍存在这样的问题，传统模式下，企业建立一套 IT 系统不仅需要购买硬件等基础设施，还要购买软件的许可证，需要专门的人员维护。当企业的规模扩大时，还要继续升级各种软硬件设施以满足需要。对于企业来说，这些硬件和软件本身并非他们真正需要的，它们仅仅是完成工作、提供效率的工具而已。对个人来说，想正常使用电脑需要安装许多软件，而许多软件是收费的，对于不经常使用该软件的用户来说，购买是非常不划算的。

可不可以有这样的服务，能够提供人们需要的所有软件供人们租用？这样，人们只需要在使用时支付少量租金即可。租用这些软件服务，可以节省许多购买软件的资金。

人们每天都要用电，但不是每家都自备发电机，而是由电厂集中提供；人们每天都要用自来水，但不是每家都有井，而是由自来水厂集中提供。这种模式极大节约了资源，方便了人们的生活。面对计算机带来的困扰，是否可以像使用水和电一样使用计算机资源？这些想法最终催化了云计算的产生。

云计算的最终目标是将计算、服务和应用作为一种公共设施提供给公众，使人们能够像使用水、电、天然气那样使用计算机资源。

云计算模式类似于电厂集中供电模式。在云计算模式下，用户的计算机会变得十分简单，或许不需要太大的内存、不需要硬盘和各种应用软件，就可以满足需求，因为用户的计算机除了通过浏览器给"云"发送指令和接收数据外，基本上什么都不用做便可以使用云服务提供商的计算资源、存储空间和各种应用软件。这就像连接显示器和主机的电线无限长，可以把显示器放在使用者的面前，而主机放在远到甚至计算机使用者本人也不知道的地方。云计算把连接显示器和主机的电线变成了网络，把主机变成了云服务提供商的服务器集群。

在云计算环境下，用户的使用观念也会发生彻底的变化，从"购买产品"转变为"购买服务"，因为他们直接面对的将不再是复杂的硬件和软件，而是最终的服务。用户不需要拥有看得见、摸得着的硬件设施，也不需要为机房支付设备供电、空调制冷、专人维护等费用，并且不需要等待供货周期、项目实施等漫长的时间，而是只需要把钱汇给云计算服务提供商，就会马上得到需要的服务。

2. 云计算的概念

云计算（Cloud Computing）是由分布式计算（Distributed Computing）、并行处理（Parallel Computing）、网格计算（Grid Computing）发展来的，是一种新兴的商业计算模型。目前，对于云计算的认识处在不断的发展变化之中。中国网格计算、云计算专家刘鹏给出如下定义：云计算将计算任务分布在大量计算机构成的资源池上，使各种应用系统能够根据需要获取计算力、存储空间和各种软件服务。

通俗的理解是，云计算的"云"就是存在于互联网上的服务器集群上的资源，包括硬件资源（服务器、存储器、CPU 等）和软件资源（应用软件、集成开发环境等）。本地计算机只需要通过互联网发送一个需求信息，云端就会有成千上万的计算机为其提供需要的资源并将结果返回本地计算机。这样，本地计算机几乎不需要做什么，所有的处理都在云计算提供商所提供的计算机群上来完成。

3. 云计算的主要服务形式和典型应用

云计算的表现形式多种多样，简单的云计算在人们的日常网络应用中随处可见，例如腾讯 QQ 空间提供的在线制作 Flash 图片、谷歌的搜索服务、百度云盘的存储服务、阿里云的云主机等。目前，云计算的主要服务形式有基础设施服务（Infrastructure as a Service，IaaS），平台即服务（Platform as a Service，PaaS），软件即服务（Software as a Service，SaaS）。

（1）基础设施服务（IaaS）。IaaS 即把厂商的由多台服务器组成的云端基础设施作为计量服务提供给客户。它将内存、I/O（输入 / 输出）设备、存储和计算能力整合成一个虚拟的资源池，为整个业界提供所需要的资源和虚拟化服务器等服务。这是一种托管型硬件方式，用户付费使用厂商的硬件设施。例如亚马逊的Web 服务（AWS）、阿里云的 ECS 等，均是将基础设施作为服务出租。

IaaS 的优点是用户只需要以低成本购买硬件，按需租用相应的计算能力和存储能力，大大降低了用户在硬件上的开销。

（2）平台即服务（PaaS）。PaaS 即把开发环境作为一种服务来提供。这是一种分布式平台服务，厂商提供开发环境、服务器平台、硬件资源等服务给用户，用户在其平台基础上定制开发自己的应用程序，并通过其服务器和互联网传递给其他客户。PaaS 能够给企业和个人提供研发的中间件平台，提供应用程序开发、数据库、应用服务器、试验、托管及应用服务。

（3）软件即服务（SaaS）。SaaS 即服务提供商将应用软件统一部署在自己的服务器上，用户根据需求通过互联网向厂商订购应用软件服务，服务提供商根据用户所定软件的数量、时间的长短等收费，并且通过浏览器向用户提供软件的模式。这种服务模式的优势是，由服务提供商维护和管理软件，并提供软件运行的硬件设施，用户只需要接入互联网的终端，即可随时随地使用软件。在这种模式下，用户不再需要像传统模式那样花费大量资金在硬件、软件、维护人员上，只需要支出一定的租赁服务费用，通过互联网就可以享受相应的硬件、软件和维护服务，是网络应用最具效益的营运模式。对于小型企业来说，SaaS 是采用先进技术的最好途径。

4. 典型云计算平台

由于云计算技术范围很广，目前各大 IT 企业提供的云计算服务主要是根据自身的特点和优势实现的。国外的云计算平台有亚马逊 AWS、谷歌云、微软云，国内的有阿里云、腾讯云、百度云、华为云等。阿里云走向"被集成"，腾讯云坚持 C2B，天翼云稳抓政企，华为云全面扩张，金山云专攻细分市场，百度云用 AI 做锚点。

在我国，对于云计算产业而言，过去的 2021 年是"风云变幻"的一年。新冠疫情的出现加速了远程办公、在线教育等云服务的发展，加快了云计算应用落地进程。同时随着我国新基建的推进，云计算产业出现新机遇和新格局。就市场方面，全球市场增速放缓，而我国逆势上扬，预计在"十四五"规划末，我国云计算市场规模将突破 10000 亿元。

"乘风破浪会有时，直挂云帆济沧海"。随着云计算不断成熟，"云+AI"将成为主旋律，人工智能技术正经历从理论概念到场景落地的转变，云计算成为人工智能落地的最佳依托，助力数字中国建设。

2.3　人工神经网络

有了大量的数据可以进行训练，有了云计算技术作为算力支撑，那么如何对这些数据进行训练呢？这就涉及人工智能发展中的第三个要素——算法。目前，人工智能应用最为广泛的算法是人工神经网络。

人工神经网络+机器学习+深度学习

人工神经网络是一种模拟人脑神经网络以期实现类人工智能的机器学习技术。

1. 神经元

人脑的神经网络由神经元（图 2-2）构成，一个神经元通常具有多个树突，主要用来接收传入信息；而轴突只有一条，尾端有许多轴突末梢可以给其他多个神经元传递信息。轴突末梢跟其他神经元的树突产生连接，从而传递信号。这个连接的位置在生物学上叫"突触"。

细胞体内有膜电位，从外界传递过来的电流使膜电位发生变化，并且不断累加；当膜电位升高到超过一个阈值时，神经元被激活，产生一个脉冲，传递到下一个神经元。

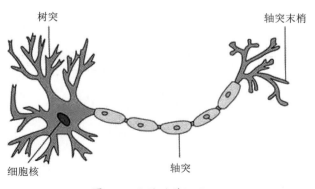

图 2-2　人脑的神经元

为了更形象地理解神经元传递信号的过程，可把一个神经元比作一个水桶。水桶下侧连着多根水管（树突），既可以把桶里的水排出去（抑制性），又可以将其他水桶的水输进来（兴奋性）。水管的粗细不同，对桶中水的影响程度不同（权重）。水管对水桶水位（膜电位）的改变就是水桶内水位的改变，当桶中水达到一定高度时，就能通过水桶上部的另一条管道（轴突）排出去，如图 2-3 所示。

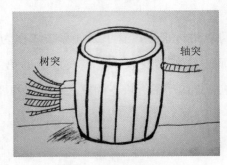

图 2-3　神经元的水桶类比

1943 年，心理学家沃伦·麦卡洛克（Warren McCulloch）和数学家沃尔特·皮茨（Walter Pitts）参考了生物神经元的结构，提出了抽象的神经元模型 MP 模型。

神经元模型是一个包含输入、输出与计算功能的模型。输入可以类比为神经元的树突，输出可以类比为神经元的轴突，计算则可以类比为细胞核。

图 2-4 是一个典型的神经元模型，包含 3 个输入，1 个输出，以及 2 个计算功能。中间的箭头线称为"连接"。每个"连接"上有一个"权值"。

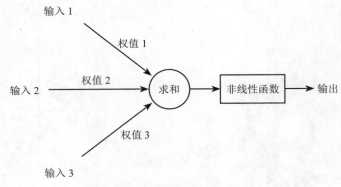

图 2-4　神经元模型

一个神经网络的训练算法就是将权重的值调整到最佳，以使整个网络的预测效果最好。

　　使用 a 来表示输入，用 w 来表示权值。一个表示连接的有向箭头可以这样理解：在初端，传递的信号大小仍然是 a，端中间有加权参数 w，经过这个加权后的信号会变成 aw，因此在连接的末端，信号的大小就变成了 aw。

　　如果将神经元模型中的所有变量用符号表示，则输出的计算公式为 $z=g(a_1w_1+a_2w_2+a_3w_3)$，如图 2-5 所示。

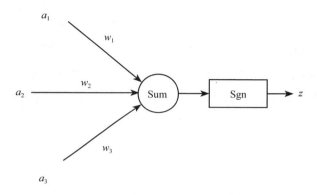

图 2-5　用符号表示的神经元模型

　　下面对神经元的模型进行一些扩展。首先将 Sum 函数与 Sgn 函数合并到一个圆圈里，代表神经元的内部计算。一个神经元可以引出多个代表输出的有向箭头，但值都是一样的，如图 2-6 所示。

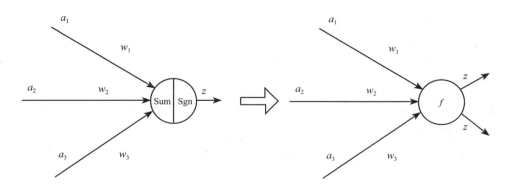

图 2-6　神经元模型扩展

　　神经元模型的使用可以这样理解：有一个数据，称为样本。样本有四个属性，其中三个属性已知，一个属性未知。我们需要做的就是通过三个已知属性预测未知属性，具体办法就是使用神经元的公式进行计算。三个已知属性的值是 a_1、a_2、a_3，未知属性的值是 z，z 可以通过公式计算出来。

这里，已知的属性称为特征，未知的属性称为目标。假设特征与目标之间确实是线性关系，并且已经得到表示这个关系的权值 w_1、w_2、w_3。那么，可以通过神经元模型预测新样本的目标。

2. 感知器

感知器，有的文献翻译成"感知机"。1958 年，计算科学家弗兰克·罗森布拉特（Frank Rosenblatt）提出了由两层神经元组成的神经网络，即感知器。感知器是当时首个可以学习的人工神经网络。感知器模型在 MP 模型的"输入"位置添加了神经元节点，标志其为"输入单元"，其余不变，如图 2-7 所示。

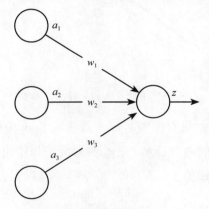

图 2-7　感知器模型

在"感知器"中，有两个层次，分别是输入层和输出层。输入层里的"输入单元"只负责传输数据，不计算；输出层里的"输出单元"则需要对前面一层的输入进行计算。假如要预测的目标不再是一个值，而是一个向量，例如 (2,3)，那么可以在输出层再增加一个"输出单元"。

整个网络的输出如图 2-8 所示。改用二维的下标，用 $w_{x,y}$ 来表达一个权值。下标中的 x 代表后一层神经元的序号，而 y 代表前一层神经元的序号（序号的顺序从上到下）。例如，$w_{1,2}$ 代表后一层的第 1 个神经元与前一层的第 2 个神经元的连接的权值。则网络的输出计算如下：

$$z_1=g(a_1w_{1,1}+a_2w_{1,2}+a_3w_{1,3})$$

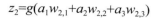

$$z_2 = g(a_1 w_{2,1} + a_2 w_{2,2} + a_3 w_{2,3})$$

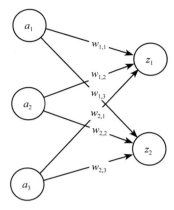

图 2-8　多输出感知器模型

z_1 和 z_2 的计算公式就是线性代数方程组，因此可以用矩阵乘法来表达这两个公式。

例如，输入的变量是 $(a_1, a_2, a_3)^{\mathrm{T}}$（代表由 a_1、a_2、a_3 组成的列向量），用向量 $\boldsymbol{a}$ 来表示。方程的左边是 $(z_1, z_2)^{\mathrm{T}}$，用向量 $\boldsymbol{z}$ 来表示。系数则是矩阵 $\boldsymbol{W}$（2 行 3 列的矩阵，排列形式与公式中的一样）。于是，输出公式可以改写成 $g(\boldsymbol{W} \cdot \boldsymbol{a}) = \boldsymbol{z}$。

与神经元模型不同，感知器中的权值是通过训练得到的。因此，感知器类似一个逻辑回归模型，可以做线性分类任务。

可以用决策分界来形象地表达分类的效果。决策分界就是在二维的数据平面中画出一条直线，当数据的维度是三维的时候，就是画出一个平面，当数据的维度是 n 维时，就是划出一个 $n-1$ 维的超平面。

图 2-9 显示了在二维平面中划出决策分界的效果，也就是感知器的分类效果。

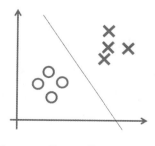

图 2-9　二维平面感知器分类

单层感知器的缺陷是只能做简单的线性分类任务，对 XOR（异或）这样的简单分类任务都无法解决，所以需要增加神经网络层数（让两条直线或多条直线来分类），于是有了多层感知器。不过多层神经网络的计算是一个问题，没有一个较好的解法。1986 年，大卫·鲁姆哈特（David Rumelhart）和杰弗里·辛顿（Geoffrey Hinton）等人提出了反向传播（Back Propagation，BP）算法，解决了两层神经网络所需要的复杂计算量问题，从而引发了使用两层神经网络研究的热潮。

两层神经网络除了包含一个输入层、一个输出层以外，还增加了一个中间层（隐含层，因为不能在训练样本中观察到它们的值，所以叫隐含层）。

使用向量和矩阵来表示层次中的变量。$a^{(1)}$、$a^{(2)}$、z 是网络中传输的向量数据，$W^{(1)}$ 和 $W^{(2)}$ 是网络的矩阵参数，如图 2-10 所示。

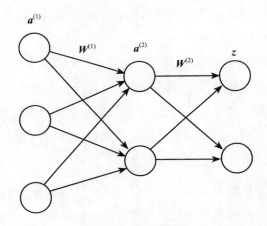

图 2-10　单隐层神经网络

使用矩阵运算来表达整个计算公式如下：

$$g(W^{(1)} \cdot a^{(1)}) = a^{(2)}$$

$$g(W^{(2)} \cdot a^{(2)}) = z$$

事实上，对神经网络结构图的讨论中应该考虑偏置节点，这些节点是默认存在的。在神经网络的每个层次中，除了输出层以外，都会含有这样一个偏置单元且存储值永远为 1。偏置单元与后一层的所有节点都有连接，设这些参数值为向量 b，称为偏置，如图 2-11 所示。

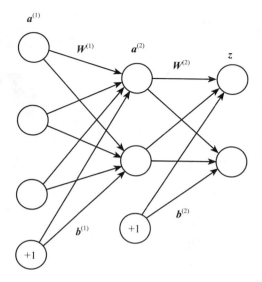

图 2-11　带偏置节点的单隐层神经网络

在考虑了偏置以后的一个神经网络的矩阵运算如下：

$$g(\boldsymbol{W}^{(1)} \cdot \boldsymbol{a}^{(1)} + \boldsymbol{b}^{(1)}) = \boldsymbol{a}^{(2)}$$

$$g(\boldsymbol{W}^{(2)} \cdot \boldsymbol{a}^{(2)} + \boldsymbol{b}^{(2)}) = \boldsymbol{z}$$

需要说明的是，在两层神经网络中，不再使用 Sgn 函数，而是使用平滑函数 Sigmoid 作为函数 g。把函数 g 也称作激活函数。

两层神经网络通过两层的线性模型模拟了数据内真实的非线性函数。因此，多层的神经网络的本质就是复杂函数拟合。

多层感知器分类能力见表 2-1。

表 2-1　多层感知器分类能力

结构	决策区域类型	区域形状	异或问题
无隐层	由一个超平面分成两个		
单隐层	开凸区域或闭凸区域		

续表

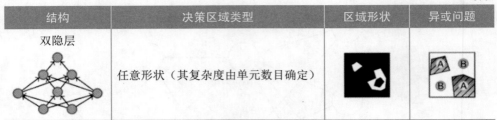

结构	决策区域类型	区域形状	异或问题
双隐层	任意形状（其复杂度由单元数目确定）		

在设计一个神经网络时，输入层的节点数需要与特征的维度匹配，输出层的节点数要与目标的维度匹配，而中间层的节点数却是由设计者指定的。因此，"自由"把握在设计者的手中。但是，节点数的设置会影响到整个模型的效果。如何决定这个自由层的节点数呢？目前还没有完善的理论来指导这个决策，一般是根据经验来设置。较好的方法就是预先设定几个可选值，通过切换这几个值来看整个模型的预测效果，选择效果最好的值作为最终选择，这种方法又叫网格搜索（Grid Search）。

2.4　机器学习

机器学习专门研究计算机怎样模拟或实现人类的学习行为，就是让计算机具有像人一样的学习能力，是从堆积如山的数据（也就是大数据）中寻找出有用知识的数据挖掘技术，是人工智能的核心。

1. 概述

机器学习的对象就是大数据，所以，大数据是机器学习的基础。

在大数据时代，通过机器对大数据进行分析而带来的人工智能应用，正在一点一点地改变人们的生活方式和思维方式。机器学习与模式识别、统计学习、数据挖掘、计算机视觉、语音识别和自然语言处理等领域都有着很深的联系，是计算机利用已有的数据（经验）得出了某种模型，并利用这些模型预测未来的一种方法。这个过程与人的学习过程极为相似，只不过机器可以进行大维度数据分析而且可以不知疲倦地学习而已，如图 2-12 所示。

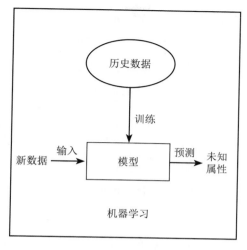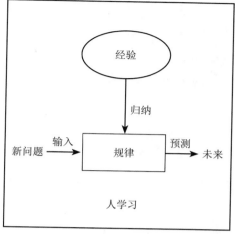

图 2-12　机器学习与人学习的区别

　　假设我们在街上看到一个陌生人的背包很漂亮，想买同款。那么可以先拍一张这个背包的照片，然后用淘宝软件的"拍立淘"功能搜索，就可以找到这个背包的同款，如图 2-13 所示。这里就用到了机器学习中的图像识别技术。但是往往与这个背包相近的款式非常多，需要把这些款式按照一定的规则进行排序，这就涉及机器学习算法模型的训练。通过这个模型，把所有的类似款式进行排名，最后就得出了最终的展示顺序。

图 2-13　"拍立淘"选择商品

　　当然，我们更多的时候是通过键盘输入要搜索的商品，也可以通过语音的方式输入内容，这就是语音转文本的运用，也是机器学习的应用。

在我们搜索一款产品之后，一般网页的右边会出现推荐列表，而且每个用户的推荐列表都是不同的。这依赖的是推荐系统后台的用户画像，而用户画像就是大数据和机器学习算法的典型应用，通过挖掘用户的特征，如性别、年龄、收入情况和爱好等，推荐用户可能购买的商品，做到个性化推荐，这也是机器学习的应用。

如果下单之前发现网银账户中的钱不够了，想申请一些贷款。这个时候，我们会发现有一个贷款额度，这个额度是如何计算的呢？这里面涉及金融风控的问题，而金融风控也是根据机器学习的算法来训练模型并计算出来的。

下单之后，商品就被安排配送了。目前，除了少数偏远地区，基本上5天之内就可以收到商品。这段时间包含了商品的包装、从库存发货到中转库存、从低级仓库到高级仓库配送、向下分发。这么多工序之所以能够在短时间内完成，是因为仓储在库存方面已经提前做了需求量预测，提前在可能的需求地附近备货，这套预测算法也是建立在机器学习算法基础之上的。

快递员拿到货物，打开地图导航，系统已经为他设计了配送的路径。这个路径避免了拥堵而且尽量把路线设计为最短距离，这也是通过机器学习算法来计算的。

如果拿到货物后发现大小不合适怎么办？打开客服，输入问题，可以瞬间得到回复，因为这名"客服人员"可能并不是真正的客服人员，只是一个客服机器人而已。智能客服系统利用文本的语义分析算法，可以精准地确定用户的问题，并且给予相应的解答。同时，它还可以对用户问题的语境进行分析，如果问题很严重需要赔偿，如"你的化妆品害我毁容了"，这样的问题会由客服机器人通过情感分析挑出来，交给专人处理。

上面列举的只是机器学习算法应用场景中的一小部分，随着数据的积累，机器学习算法可以渗透到各行各业当中，并且在行业中发挥巨大的作用。未来随着算法和计算能力的发展，机器学习应该会在金融、医疗、教育、安全等领域有更深层次的应用。

2. 机器学习的种类

根据所处理的数据类型，将机器学习分为监督学习、无监督学习、半监督学习和强化学习。为了更好地理解，用学生和老师的关系来进行说明：学生对应计算机，老师对应周围的环境。

（1）监督学习。监督学习指有求知欲的学生从老师那里获取知识和信息，老师提供对错指示并告知最终答案的学习过程。监督学习的最终目标是计算机根据在学习过程中所获得的经验和技能，面对没有学习过的问题也可以作出正确的解答，并具有这种泛化的能力。

此类学习可以应用于手写文字识别、声音图像处理、垃圾邮件的分类与拦截、网页检索和基因诊断等。其典型的任务有预测数值型数据的回归、预测分类标签的分类、预测顺序的排序等。

（2）无监督学习。无监督学习指在没有老师的情况下，学生自学的过程。在机器学习中，计算机在互联网中自动收集信息，获取有用的知识。无监督学习在人造卫星故障诊断、视频分析、社交网站解析和声音解析等方面有广泛运用，典型的任务有聚类、异常检测等。

（3）半监督学习。半监督学习指在老师的启发下，学生在老师给出部分对错提示的情况下完成学习的过程。半监督学习是最近几年逐渐开始流行的一种机器学习种类。因为在一些场景下，获得带标签数据是很耗费资源的，而无监督学习要解决分类和回归这样场景的问题又有一些难度，所以人们开始尝试通过对部分样本打标签来进行机器学习算法的使用。这种部分打标签样本的训练数据的算法应用，就是半监督学习。

（4）强化学习。强化学习指在没有老师提示的情况下，学生自己对预测的结果进行评估的过程，通过这样的自我评估，学生会为了更好、更准确判断而不断地学习。强化学习在人的自动控制、计算机游戏中的人工智能、市场战略的最优化等方面具有广泛的应用，典型的任务有回归、聚类和降维等。

3. 机器学习算法

（1）回归。回归算法是一种对数值型连续随机变量进行预测和建模的监督学习算法，其任务的特点是标注的数据集具有数值型的目标变量。也就是说，每一个观察样本都有一个数值型的标注真值以监督算法。回归算法包括线性回归（正则化）、回归树（集成方法）、深度学习、最近邻算法等。

（2）分类。分类算法是一种对离散型随机变量建模或预测的监督学习算法。许多回归算法都有与其相对应的分类算法，分类算法通常适用于预测一个类别（或类别的概率）而不是连续的数值，包括逻辑斯蒂回归（正则化）、分类树（集成方法）、深度学习、支持向量机、朴素贝叶斯等。

（3）聚类。聚类是一种无监督学习（即数据没有标注），基于数据的内部结构寻找观察样本的自然族群（即集群），并且通常使用数据可视化评价结果，包括 K-Means（K 均值）聚类、均值漂移聚类、层次聚类、DBSCAN 等。

（4）异常检测。异常检测是指寻找输入样本中所包含的异常数据的问题。在无监督的异常检测中，一般采用密度估计的方法，把靠近密度中心的数据作为正常数据，把偏离密度中心的数据作为异常数据。

（5）降维。降维是指从高维度数据中提取关键信息，将其转换为易于计算的低维度问题进而求解的算法。

4. 机器学习流程

机器学习的整个流程大致可以分为六个步骤，按照数据流自上而下的顺序排列，分别是场景解析、数据预处理、特征工程、模型训练、模型评估、离线 / 在线服务，如图 2-14 所示。

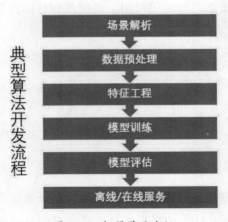

图 2-14　机器学习流程

（1）场景解析。场景解析就是把整个业务逻辑想清楚，把自己的业务场景进行抽象。例如，做一个广告点击预测，其实是判断一个用户看到广告是点击还是不点击，这就可以抽象成二分类问题。然后根据是不是监督学习及二分类场景，就可以进行算法的选择。总的来说，场景解析就是把业务逻辑和算法进行匹配。

（2）数据预处理。数据预处理主要进行数据的清洗工作，处理数据矩阵中的空值和乱码，同时也可以对整体数据进行拆分和采样等操作，也可以对单字段或者多字段进行归一化或者标准化处理。数据预处理阶段的主要目标就是减少量纲和噪声数据对训练数据集的影响。

（3）特征工程。特征工程是机器学习中最重要的一个步骤，特别是目前随着开源算法库的普及和算法的不断成熟，算法质量并不一定是决定结果最关键的因素，特征工程效果的好坏从某种意义上来说决定了最终模型的优劣。在算法相对固定的情况下，可以说好特征决定了好结果。

（4）模型训练。训练数据经过数据预处理和特征工程之后进入算法训练模块，并且生成模型。在"测试"阶段中，调入训练生成的模型和用于测试的数据集进行计算，生成测试结果，用来评估模型的性能。

（5）模型评估。机器学习算法的计算结果一般是一个模型，模型的质量直接影响接下来的数据业务。在机器学习领域中，对模型的评估至关重要，要选择与问题相匹配的评估方法，有针对性地选择合适的评估指标、根据评估指标的反馈进行模型调整，快速地发现模型选择或训练过程中出现的问题，对模型进行迭代优化。

（6）离线/在线服务。在实际的业务运用过程中，机器学习通常需要配合调度系统来使用。数据流入数据库表里，通过调度系统启动机器学习的离线训练服务，生成最新的离线模型，然后通过在线预测服务进行实时的预测。

2.5 深度学习

1. 深度学习的由来

2006 年，杰弗里·辛顿（Geoffrey Hinton，著名计算机科学家，被称为"人工智能教父"，如图 2-15 所示）在 *Science* 和相关期刊上发表了论文，首次提出

图 2-15　杰弗里·辛顿
（Geoffrey Hinton）教授

了"深度信念网络"的概念。与传统的训练方式不同，深度信念网络有一个预训练（pre-training）的过程，可以方便地让神经网络中的权值找到一个接近最优解的值，之后再使用微调（fine-tuning）技术来对整个网络进行优化训练。这两个技术的运用大幅度减少了训练多层神经网络的时间。辛顿教授给多层神经网络相关的学习方法赋予了一个新名称——深度学习。

很快，深度学习在语音识别领域发挥了作用。2012 年，深度学习技术又在图像识别领域发挥作用。辛顿与他的学生在 ImageNet 竞赛中，用多层的卷积神经网络成功地对包含 1000 个类别的 100 万张图片进行了训练，取得了分类错误率 15% 的好成绩，比第二名高了近 11 个百分点，充分证明了多层神经网络识别效果的优越性。

ImageNet 竞赛即 ImageNet 大规模视觉识别挑战赛（ILSVRC）。它从 2010 年开始，每年举办一次，到 2017 年后截止。在这个比赛上，参赛者要用 ImageNet 数据集作为标准，来评估他们的算法在大规模物体检测和图像分类上的性能。ImageNet 是计算机视觉领域里经典的数据集，它包含标注过的 1500 万张图片，涵盖 22000 种类别，旨在教计算机认识这个世界的多样性。

说到图像数据集，不得不提的是华人科学家——李飞飞。1976 年，李飞飞出生在北京一个知识分子家庭，此后一直在四川学习成长，16 岁跟随父母举家移民到了美国新泽西州。作为 AI 学术女神，李飞飞完成了从不会英语的清洁工到斯坦福教授，再到谷歌科学家的人生逆袭，谱写了一段非比寻常的励志故事。2005 年，博士毕业后的李飞飞进入斯坦福大学人工智能实验室。刚开始时，李飞飞将很大部分的精力都放在算法的优化上，然而这并没有带来太大的突破。后来，李飞飞意识到，想要让计算机学会识图，关键在于让计算机能够看更多的图片。她带领团队从互联网上下载了近 10 亿张图片，并对这些图片进行分类、打上标签，为计算机提供学习用的"题库"，而这个"题库"就是现在的 ImageNet。在研究初期，李飞飞便遇到了很大的瓶颈，"题库"工作量巨大，成本太高。后来她想到合作，通过亚马逊的众包平台，在网络上雇佣 5 万人，为这 10 亿张备选图片筛选、排序、打标签。ImageNet 数据库无论在质量还是数量上，在科学界都是空前的。最重要的是，李飞飞把 ImageNet 这个如此庞大的图片数据库免费开放使用。这就意味着，全球所有致力于计算机视觉识别的团队，都能从这个题库里面拿数据和试题，来训练测试自家算法的准确率，促进了神经网络和深度学习的腾飞，使计算机的图像识别错误率低于人类。正所谓"功成不必在我，功成必定有我"。

关于深度神经网络的研究与应用不断涌现，现在热门的研究技术包括 CNN（Conventional Neural Network，卷积神经网络）、RNN（Recurrent Neural Network，递归神经网络），LSTM（Long-Short Term Memory，长短期记忆人工神经网络）等。本书主要介绍 CNN。

2. 卷积神经网络

卷积神经网络（Convolutional Neural Network，CNN）是一类包含卷积计算且具有深度结构的前馈神经网络（Feedforward Neural Network），是目前深度学习技术领域中非常具有代表性的神经网络之一。

CNN 是一种特殊的深层的神经网络模型，它的特殊性体现在以下两个方面。一方面它的神经元的连接是非全连接的，另一方面同一层中某些神经元之间的连接的权重是共享的。全连接神经网络，需要设置大量的权值和 basic 值，而 CNN 减少了网络模型的复杂度，减少了权值的数量，提高运算效率，减少过拟合的问题。

卷积神经网络在图像分类数据集上有非常突出的表现，在学术界常用的标准图像标注集 ImageNet 上，基于卷积神经网络取得了很多成就，包括图像特征提取分类、场景识别等。

图 2-16 和图 2-17 是全连接神经网络和卷积神经网络的结构区别。在图像处理方面，以 MNIST 数据为例，每一张图片的大小是 $28\times28\times1$，其中 28×28 为图片的尺寸大小，单位为像素，1 表示只有一个颜色通道，颜色为黑白。假设第一层隐藏层的节点数为 600 个，那么一个全连接层的神经网络将有 $28\times28\times600+600=471000$ 个参数。其中"+600"表示的是 basic 值。而当图片更大、通道数增加的时候，所需要的参数的数量会更大。随着参数的增多，计算速度会随之减慢，还容易导致过度拟合问题。

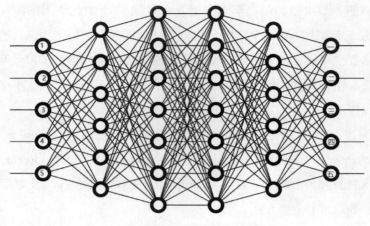

图 2-16　全连接神经网络

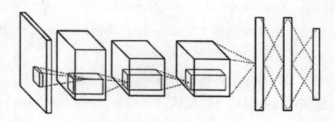

图 2-17　卷积神经网络

卷积神经网络构架如图 2-18 所示。

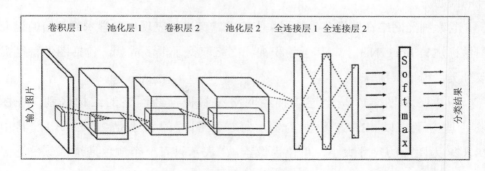

图 2-18　卷积神经网络构架

（1）输入层。在处理图像的卷积神经网络中，输入一般表示为一张图片的像素矩阵，通常为（length×width×channel）。三维矩阵的深度代表了图像的彩色通道（channel）。例如黑白图片的深度为 1，而在 RGB 色彩模式下，图像的深度为 3。例如一个 28×28 的 RGB 图片，维度就是 (28,28,3)。从输入层开始，卷积神经网络通过不同的神经网络结构将上一层的三维矩阵转化为下一层的三维矩阵，直到最后的全连接层。

（2）卷积层。在卷积神经网络中，卷积层主要进行的操作是对图片进行特征提取，随着卷积层的深入，它提取到的特征就越高级。通过使用输入数据中的小方块来学习图像特征，卷积保留了像素间的空间关系。对于一张输入图片，卷积层将其转化为矩阵，矩阵的元素为对应的像素值。例如，对于一张大小为 5×5 的图像，若使用 3×3 的卷积核，移动步长为 1 进行卷积操作，可以得到大小为 3×3 的特征平面，如图 2-19 所示。

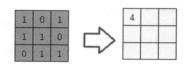

图 2-19　卷积操作

具体操作是将图像中深色的部分和卷积核对应位置相乘后累加：1×0+0×3+…+1×2=4。

进行完这一次运算之后，卷积核会先向右移动，到达最右边后，再回到左边向下移动，直到最后和每一个值都进行了运算。

（3）池化层（Pooling）。池化层不会改变三维矩阵的深度，但它可以缩小矩阵的大小，可降低每个特征映射的维度，并保留最重要的信息。池化操作可以认为是将一张分辨率较高的图片转化为分辨率较低的图片。通过池化层，可以进一步缩小最后全连接层中节点的个数，从而达到减少整个神经网络中的参数的目的。池化有平均值池化和最大值池化，图 2-20 是最大值池化（MaxPooling）操作。

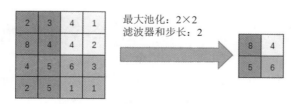

图 2-20　最大池化层操作

效果：使用池化层既可以加快计算速度也可以防止过度拟合。

（4）全连接层。全连接层是为了将通过卷积层和池化层的操作提取到图像的高级特征进行整合，全连接层是一个传统的多层感知器，它在输出层使用 Softmax 激活函数处理分类，如图 2-21 所示，其中 feature-map 为特征图，即提取到的图像特征。

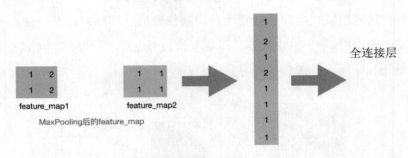

图 2-21　全连接层操作

卷积神经网络的模型发展从一开始的 LeNet 到 AlexNet，到后来的 VGGNet，再到 Google 的 Inception 系列，再到 ResNet 系列，以及后期的轻量型的卷积神经网络。在 AI 算法设计领域，越来越多的中国学者取得成功，展示中国人的智慧。其中何恺明及团队设计的深度残差网络 ResNet-152 在 2015 年的 ImageNet 图像识别大赛中击败谷歌、英特尔、高通等业界团队，荣获第一。目前 ResNet 也已经成为计算机视觉领域的流行架构，同时也被用于机器翻译、语音合成、语音识别和 AlphaGo 的研发上。

目前，在科研方面，中国人工智能领域论文整体数量占据优势，已居世界第一位，并且期刊论文的引用率高于美国。同时，中国正在制定有效的激励举措以鼓励科研人员开展更高质量研究。

2.6　5G 通信技术

5G 通信技术

5G 指的是第五代移动通信技术（5th Generation），学名叫 IMT-2020，移动通信发展简史如图 2-22 所示。

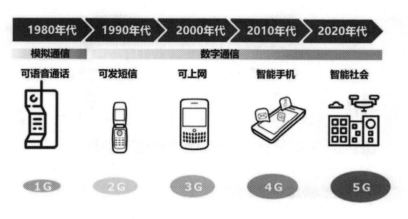

图 2-22 移动通信发展简史

　　人工智能、大数据、物联网发展非常迅速，需要强大的通信技术作为支撑。5G 的应用恰好使很多瓶颈被突破，使人工智能更好地落地。VR 与 AR 技术的发展在 4G 时代遇到了很多坎坷，而 5G 时代，设备通信拥有更大的带宽与更低的时延，VR 与 AR 技术极可能会得到很大的发展。5G 的到来，给无人驾驶带来了巨大福音；高效的信息传输使无人工厂的效率得到很大提升；通过智能手环、手表、体脂秤等实时检测的健康数据能高效地传输到医疗平台，平台会拥有个人更全面的健康参数，智能中心对参数进行分析，从而更好地为个人的健康服务。5G 的技术突破和商用会给人们的生活带来天翻地覆的变化。5G 推动数字经济与实体经济的不断融合，为传统产业的各个环节生产效率的提升提供了新的路径。我国 5G 商用发展实现规模、标准数量和应用创新三大领先。截至 2021 年5 月，我国 5G 标准必要专利声明数量占比超过 38%，位列全球首位；5G 应用创新案例已超过 9000 个，5G 正快速融入千行百业、呈现千姿百态，已形成系统领先优势。

　　5G 属于通信领域，这就涉及光速公式如下：

$$c=\lambda v$$

式中，c 为光速，在真空中是一个恒定值；λ 为波长；v 为频率。波长越长，绕射能力越大，信号所能覆盖的距离就远；而频率越高，带宽越宽，网速就越来越快。一般来说，无线通信的频率在特定的区间内，如图 2-23 所示。

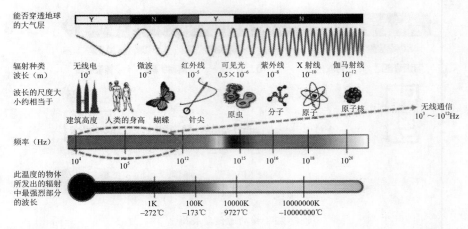

图 2-23　无线通信的频率分布

　　对于 5G，如果频率为 28GHz，对应的波长约为 10.7mm，所以 5G 是毫米波。毫米波具备高速率和高带宽的特性，但存在损耗大和传输距离短的弊端。因此，5G 网络更加依赖小基站和高密度的组网、大规模天线阵列的铺设。

　　5G 需要具备比 4G 更高的性能，支持 0.1 ～ 1Gbps 的用户体验速率，每平方千米 100 万的连接数密度，毫秒级的端到端时延，每平方千米数十 Tbps 的流量密度，每小时 500km 以上的移动性和数十 Gbps 的峰值速率，如图 2-24 所示。用户体验速率、连接数密度和时延为 5G 最基本的三个性能指标。

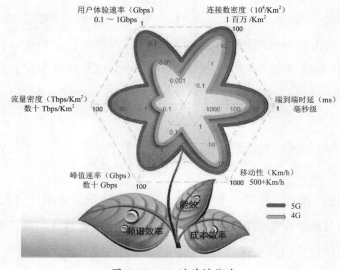

图 2-24　5G 的关键能力

未来，5G 与 AI 会相辅相成，5G 能够帮助更多的 AI 应用落地，AI 则可以让 5G 网络更加灵活、高效地被人们使用，特别是边缘计算会变得更加重要。通过"超级大脑"，云、边、端会进一步协同起来，可以让 AI 更好地融入万物互联的世界，帮助用户更多、更快、更便宜地调用算力、数据与存储资源。

习 题

1. _____ 不是人工智能的核心要素。
   A. 大数据　　　　　　　　　B. 云计算
   C. 人工神经网络　　　　　　D. 计算机技术

2. _____ 说法是错误的。
   A. 大数据技术是人工智能的基础
   B. 机器学习和深度学习的对象就是大数据，从海量数据中分析、判断、学习
   C. 人工智能需要强大的计算能力支持，云计算技术的初心解决了这个问题
   D. 机器学习就是深度学习

3. 判断"通信技术的发展对 AI 发展没有影响"是否正确。

4. 请简单叙述卷积神经网络和全连接网络的区别。

第 3 章

人工智能 + 教育

每一次技术革命都会对教育产生深远的影响，首先教育的内容将紧密结合技术核心进行重组，整个知识体系都会进行更新，其次教育教学的方式将发生变化，新技术将改变教学环境、教学手段、教学模式等。本章主要讨论人工智能技术对教育教学的环境、手段、模式的影响。

第一次工业革命让人类进入机械时代，基于机械原理的平面印刷术的发明让书籍的数量大大增加，促进了知识的传播，学校大量增加，普通人有了更多接受教育的机会。

第二次工业革命让人类进入电力时代，电报、电话、广播、收音机、电视机等电子产品的发明改变了知识的传播方式和存储方式，人们开始尝试着广播教学、电视教学。

第三次工业革命让人类进入信息时代，计算机的发明、网络的发明让信息存储方式、信息表现形式、信息传递方式发生改变，图片、视频、声音等各种媒体的应用让教学形式更加丰富多彩，知识传递更加迅速，出现了微课、慕课等各种各样的在线教学形式。

第四次工业革命将带领人类进入智能时代，人工智能技术将进一步促进教育的变革。《中国教育现代化 2035》提出，"互联网、人工智能等新技术的发展正在不断重塑教育形态，知识获取方式和传授方式、教和学关系正在发生深刻变革"。"人工智能 + 教育"是未来教育的发展方向，因为人工智能与教育是相辅相成、互为促进的。自人工智能诞生起，科学家们就开始研究利用人工智能技术来解决教育问题，促进教育的发展。众多的专家、学者从不同的角度对人工智能在教育领域各个层面的应用展开了深入研究，并取得了诸多成果，例如借助人工神经网络、专家系统、自然语言理解等技术，开发了如智能组卷、智能决策支持及智能授导系统，并在机器人教育、网上学习共同体、协作学习系统及人工智能游戏等方面开展了前沿性研究。人工智能技术在教育领域的应用，极大地改变了教育教学的现状，为教育的改革与创新提供了良好的环境和技术支持。

"人工智能 + 教育"与传统教育有什么不同？在培养人才方面具有哪些优势？实际应用如何？信息素养在人工智能时期如何养成？人工智能教育目前有哪些困难及创新方法？平台环境包含哪些方面？教育机器人的价值是什么？带着这些问题，一起走进新信息时代"人工智能 + 教育"的场景。

3.1　智慧校园

智慧校园

在信息技术飞速发展的时代，利用云计算、大数据、物联网、移动互联网、人工智能等信息技术，不断改善学校信息技术基础设施，营造网络化、数字化、个性化、终身化的智慧教育环境，扩大优质资源覆盖面，推进信息技术与教育教学、管理的深度融合，提高教育教学质量，提升教育治理水平，促进教育公平和优质资源均衡发展，培养具有较高思维品质和较强实践能力的创新型人才，这就是智慧校园的发展目标。图 3-1 是智慧校园示意图。

图 3-1　智慧校园示意图

那么人工智能与教育如何融合？智慧校园中运用了哪些人工智能技术呢？

1. 人工智能在教育领域的应用技术

目前，人工智能在教育领域的应用技术主要包括图像识别技术、语音识别技术、人机交互技术、自然语言处理技术等。例如，通过图像识别技术实现自动阅卷，可以将老师从繁重的作业批改和阅卷工作中解放出来；语音识别和语义分析技术可以辅助老师对学生进行英语口语测评，也可以纠正、改进学生的英语发音；而人机交互技术可以协助老师为学生在线答疑解惑。

除此之外，个性化学习、智能学习反馈、机器人远程支教等人工智能技术在教育领域的应用也被看好。虽然目前人工智能技术在教育中的应用尚处于起步阶段，但随着人工智能技术的进步，未来其在教育领域的应用程度将加深，应用空间会更大。

2. 人工智能在智慧校园中的应用案例

人工智能技术在智慧校园中的应用主要有以下几个方面。

（1）人脸识别技术在智慧校园中的应用。人脸识别是机器视觉的一个具体应用。在智慧校园中，校园出入管理、宿舍管理、上课签到、考试签到都可以使用人脸识别系统。

人脸识别的好处是识别精度非常高，出错概率比肉眼识别低很多，而且速度快、效率高。

人脸识别在智慧校园中更高级的应用有图书借阅系统中的人脸借书、无人超市中的人脸支付、学校食堂的刷脸支付等。

人脸识别凭借其唯一性及终身不变性等特点有着天然的安全性优势与实用性优势。在智慧校园管理中引入人脸识别，能够实现管理自动化，提升校园管理水平，降低校园管理成本，加强安全防范等，图 3-2 是人脸识别在智慧校园中的应用之一。

图 3-2　人脸识别在智慧校园中的应用

（2）图像识别技术在智慧校园中的应用——智慧校园停车系统。校园停车场管理系统是智慧校园的重要组成部分，具备对临时车辆进行管理和对长期用户进行认证管理的功能，由出入口车牌识别一体机、智能道闸、收费显示屏、管理中心、收费中心等组件构成。所有车辆可以使用车牌号码作为出入校的凭证，减少出入口人工工作量。智慧校园停车系统入口示意图如图 3-3 所示。

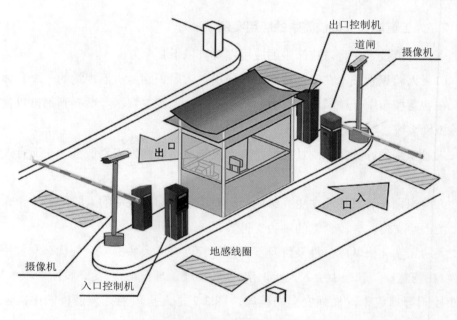

图 3-3　智慧校园停车系统入口示意图

车辆在进出校园时通过停车场车牌识别系统的自动识别，系统自动判断车辆的权限，实现车辆不停车进校园，加快车辆通行效率，提高师生的满意度。

系统具备后台实时监管功能，管理人员可通过管理计算机查看各出入口车辆进出情况、停车管理费收取情况，并可实现对收费人员的每笔收费进行稽核，从而保证停车管理费的征收。同时，系统还具备数据查询统计功能，管理人员可随时查看停车场内车辆进出、收费汇总等相关统计报表。

智慧停车系统以车辆唯一性的车牌作为识别依据，实现出入场记录、匹配、查询等功能。智慧停车系统中使用了人工智能技术中的图像识别技术，即车牌的自动识别。

（3）语音识别技术在智慧校园中的应用。语音识别就是让机器通过识别和理解，把语音信号转变为相应的文本或命令的人工智能技术。语音测评就是语音识别的一个典型应用。

以往的英语口语测试考试、听力测试考试、普通话考试都需要人工介入，需要占用和耗费老师大量的时间和精力，同时可能存在误判，也可能存在考试不公正的情况。而采用语音识别技术来进行口语测试、听力测试、普通话考试，考试过程和考试结果完全由机器完成，可以做到对所有考生的绝对公平。

智能口语测评系统可以帮助老师完成口语作业的检查，为每个学生提供个性化的发音指导，老师只需要根据学生的完成情况督促学生改进或者进行更多的练习。未来技术的发展，也是以对教育场景的深刻理解为基础，通过人工智能技术来帮助老师更好地进行教学。

（4）智能教学助理在智慧校园中的应用。虚拟智能教学助理是基于人工智能技术的辅助教学软件系统，也可称为教学机器人，可以帮助老师完成一些教学日常事务，可实现智能出题、智能组卷、智能批阅、智能问答、智能统计分数等，从而将老师从繁杂的日常事务中解放出来，将精力投入教学内容的组织和设计、与学生的交流和谈论、对学生更多的关心和爱护等更重要的事情上。

虚拟教学助理可以助力课堂教学，例如在线签到、资源共享、课堂活动记录统计等。

虚拟智能教学助理还可以做一些教师很难完成的事情，例如给学生"画像"，绘制学生学习轨迹，掌握学生长处、弱点、学习偏好等，对学生的学习状况进行全方位的汇总，让老师更加了解每个学生，实行更有针对性的个性化指导，有效提升教学效果。

虚拟智能教学助理还可以对学生的学习进行查漏补缺，提出建议和计划，提供更有针对性的学习材料和练习材料。

（5）虚拟现实（VR）在教学中的应用。所谓虚拟现实，就是将虚拟和现实相互结合，就是利用现实生活中的数据，通过计算机技术产生的电子信号，将其与各种输出设备结合，使其转化为能够让人们感受到的影像，将现实中的物体或肉眼所看不到的物质，通过三维模型表现出来。因为这些现象是通过计算机技术模拟出来的，所以称为虚拟现实。

在课堂上，虚拟现实会模拟出具体的知识场景和技能使用场景，让难以理解的抽象内容变得更加生动具体，帮助学生更好地理解和应用知识。

通过 VR 技术，学生有更多的机会观察和感知抽象概念，使学习变成一种丰富情境下的亲身体验。

教师可积极将虚拟现实、计算机视觉等诸多技术与课堂教学相结合，激发学生学习兴趣，提升学生学习效果。

（6）智慧教室在智慧校园中的应用。智慧教室是借助智能技术、物联网技术、云计算技术等构建起来的新型教室，包括有形的物理空间教室和无形的数字空间教室，可以通过各类智能装备辅助教学，如呈现教学内容、便利学习资源获取、促进课堂交互开展，从而实现情境感知和环境管理功能。

理想的智慧教室能够感知学习情境、提供学习资源、统计与分析学习者的特征、提供便利的互动工具、自动记录学习过程、评测学习成果，促进学习者有效学习。

在这样的智慧学习环境中，每个学习者手持一台智能移动设备，也就是电子教材，环保方便。电子教材内容多媒体化，重点和难点内容链接图片、视频、虚拟现实，学习者可根据需要调出多媒体内容进行学习。电子教材能和学习者的学习进度绑定，能够记录学习者的学习过程，智能分析学习者的学习成果，图形化呈现分析结果，教师可以随时查看每个人的学习进度和学习效果，对学习者的学习提供指导和帮助。同时，家长也可以随时查看孩子的学习状况，掌握其学习进度。

3. 智慧校园环境下的人工智能信息素养

随着信息社会的到来，全世界都非常重视信息素养教育，为了迎接世界信息素养迅猛发展的挑战，各国都把发展信息素养作为新世纪社会和经济发展的一项重大战略目标，纷纷调整教育的培养目标，制定教育改革方案，开设各种形式的信息素养课程，采取不同措施普及信息素养教育。提高信息素养有多种方法，而人工智能教育因其特殊性和智能性，正在信息素养培养方面发挥越来越重要的作用，具体表现在：通过人工智能教育，可以提高信息获取、加工、管理、呈现与交流等能力，对信息及信息活动的过程、方法、结果的评价能力，对学习和生活中实际问题的解决能力等；同时，可以教育学生遵守道德与法律，形成与信息社会相适应的价值观和责任感。

信息素养是教育创新的基础，智慧校园对学生、教师、管理者都提出了要求。

（1）学生发展方面。学生要具备良好的信息素养，能利用网络获取、储存、评价、加工和应用数字化学习资源，能利用各种媒体终端随时随地学习、交流和分享，能在教师的指导下运用信息技术灵活开展自主学习、合作学习与探究学习。同时注重自制，不沉迷于网络。

（2）教师发展方面。教师要具备较高的信息素养，能进行信息技术环境下的教学设计，能获取、加工和集成教学资源支持课堂教学，能利用网络教学平台开展混合式教学、参与本校和区域教研活动，能利用信息技术对教学对象、教学资源、教学活动、教学过程进行有效管理和评价。

（3）信息化管理方面。管理者要能根据信息化发展目标，明确建设思路，具有组织、管理和评价能力，能运用信息技术手段开展学校各项管理，有效推进基于大数据的教育治理和绩效评价。

3.2 教育云平台

教育云平台是人工智能教育的基础架构，包括教育信息化平台环境、智慧课堂、智能教学系统、教学资源云平台。

教育云平台

1. 教育信息化平台环境

（1）校园网络。充分利用互联网、移动互联网、物联网等现代信息技术构建校园网络硬件环境，提升宽带网络联通水平，千兆进校、百兆进班。校园无线网络主要覆盖教学、办公、生活等场所，可以支持视频点播、电视电话会议，以及语音、图像等各类信息的多媒体运用，并采用智能化设备对装备使用情况进行自动追踪、管理和控制。校园网络拓扑图如图 3-4 所示。

校园网络建设要求如下。

- 采用星形拓扑结构，两层架构（核心层、接入层）或三层架构（核心层、汇聚层、接入层）建设校园网络。

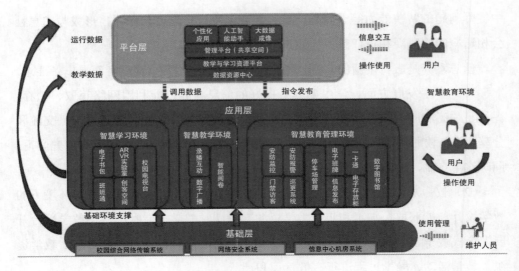

图 3-4　校园网络拓扑图

- 校园网络出口设备选择支持千兆带宽的中高端路由器、防火墙、链路负载均衡器等设备。设备支持多出口链路，支持 IPv6（互联网协议第 6 版）。

- 校园网的核心设备选择中高端万兆三层交换机；校园网汇聚设备选择中端万兆三层交换机；校园网接入设备选择上联千兆光口（电口）、下联千兆 24 口或者 48 口的二层可网管交换机。

- 配置防火墙、入侵检测系统、防病毒系统，漏洞扫描系统、有害信息过滤系统和 Web 应用防火墙等网络安全设备。

- 每个教学、办公场所均有网络端口，且端口数量满足使用需求。

- 校园无线网络采用基于无线控制器的瘦 AP 系统架构，满足可管理、安全、QoS（服务质量）、漫游等功能要求。AP 数量根据场地面积、可能并发的无线终端数进行合理设置。支持无线智能射频管理、智能负载均衡、无线 Web Portal 认证、IP 带宽控制。

- 实现校园网络全覆盖、全接入，万兆带宽到楼宇，百兆带宽到桌面，拥有功能完备的网络运维管理平台。

- 配备统一上网行为管理设备，可控制和管理对互联网的使用，功能包括网页访问过滤、网络应用控制、带宽流量管理、信息收发审计、用户行为分析，并支持全校用户终端同时在线。

- 配备上网计费管理系统，提供一卡通支付功能。
- 具有内、外网不同访问控制策略，限定不同类型用户的访问权限。
- 校园网配备日志记录和查询系统，并保存网络日志。

（2）信息终端。信息终端是一类支撑教学、学习和交互的智能终端及配套设备，能满足在信息化环境下教学科研和学习活动的需求。例如，智慧校园内通常建有智能卡读写系统，用以提供校内消费、图书借阅、门禁管理、考勤管理、宿舍管理、访客管理等服务；学校也会在主要公共服务区域，如图书馆、活动室、行政楼、食堂、宿舍等地方配置公用信息终端，为师生提供各类信息化服务。摄像头、手机、平板电脑、计算机、打印机、扫描仪、智能卡、传感器等产品都属于信息终端范畴，如图 3-5 所示。

图 3-5　校园终端设备

（3）智慧教室。智慧教室需要配置多媒体交互设备，建设支持网络教学研究的录播教室、支持教学行为数据采集和分析的智慧教室和学习体验中心，能实现教室、电子设备的集中智能化管控。依托区域教育云和教学资源平台、智能学科辅助工具及在线学习社区等，实现课堂教学云端一体化。

（4）信息安全。在校园内建立网络信息安全制度，根据实际需要配备网络安全设备，配置防火墙、入侵检测系统、防病毒系统、漏洞扫描系统、有害信息过滤系统和 Web 应用防火墙等网络安全系统。配备统一上网管理系统，定期开展网络与信息安全测评等工作，确保网络和信息安全。

（5）智能安防。智能安防系统需要覆盖学校主要场所，与区域行政部门数据同步，与当地公安部门安全防范系统互联互通，能实现校园视频监控、入侵报警、紧急呼叫（求助）报警、电子巡更、学生出入控制、访客管理、消防报警、紧急广播与疏散等智能化安防管理。智慧校园安全防护系统要求如下。

- 配备一套智慧校园安防系统，能够与当地公安部门的安全防范系统联网。
- 安防系统以校园网为传输平台，实现对校园视频监控、入侵报警、出入控制、电子巡更、电子监考、消防报警、紧急呼叫（求助）报警、紧急广播系统的统一管理和控制。
- 部署消防报警系统、紧急广播与疏散系统、视频智能识别系统、应急 / 紧急求助系统和其他特殊类型安防子系统。
- 安全防护范围涵盖校园的所有物理空间和网络空间。

2. 智慧课堂

通过交互式电子白板、电子书包和自动跟踪摄像机等电子设备，并辅以教学系统，构成智慧课堂，可以实现交互式教学、移动授课、课堂互动、精品资源共享等功能，如图 3-6 所示。

图 3-6　智慧课堂

交互式电子白板可以与教师机（如教师平板电脑、教师笔记本电脑等）进行通信，将教师机上的内容连接到电子白板，在应用程序的支持下，可以构造一个大屏幕、交互式的教学环境或学习互动场景。利用定位笔或直接手指触摸在白板上进行操作，可以对文件进行编辑、注释、保存等，同时也可以在计算机上利用键盘及鼠标实现任何操作。

自动跟踪摄像机是集成并拓展了镜头、云台、普通摄像机等功能的一体化摄像机，能自动识别图像信息，在图像移动时可以跟着移动，并捕捉图像，也可以识别监控范围内的物体运动，并自动控制云台对移动物体进行追踪，物体所有动作都能被它清晰地记录下来并上传到云端。

3. 智能教学系统

智能教学系统可以让师生进行有效、多样的教学活动，使教师的教学更为全面生动，使学生的学习更为主动、高效。

（1）智能备课系统。智能备课系统会提供给教师海量的备课模板，教师可以利用这些模板快速备课。同时，智能备课系统与教学资源云平台连接，当教师备课时，能自动在教学资源云平台上搜索并显示相关教学资源，供教师查看和选择，使教师的备课更高效。教师还可以自定义备课模板，根据自己的喜好和教学方法来制作独特的备课模板。所有的备课资料都会自动上传到教学资源云平台上，教师间可以互相参考备课内容，在交流中共同进步。

（2）数字课堂。教师可以即时组建数字课堂，将教师选择的班级中所有的学生添加到该课堂，教师和学生可以通过各自的电子书包或笔记本在数字课堂中进行互动。数字课堂是智慧课堂的组成部分与补充，教师可将教师机与学生电子书包在课外组成虚拟课堂，通过语音通话、图文沟通功能使教师和学生之间的交流更为广泛。无论课内课外，教师都可以根据自己的教学需求，视情况组建数字课堂。

（3）在线作业与考试系统。教师可以通过在线考试系统建立试题库、编辑试卷，其过程与智能备课系统相似，系统包含大量的模板和教学资源供教师使用，以达到快速组卷的目的。同时，教师所出的试题会同步传输到教学资源云平台上。线上考场的建立与数字课堂相似，教师可以把固定的学生拉入网上的群里，让学生答题。学生答题后，答题结果和成绩会自动上传到系统中，教师可以批改、查询、分析和统计。与在线考试相似，学生也可网上在线做作业，教师会给出客观题答案，学生完成后，客观题部分结果由系统自动批改，主观题则由教师在网上批改。

4．教学资源云平台

教学资源云平台是集教学资源的上传、制作、检索、分类、下载和应用为一体的数字化平台。它将所有教学资源整合，实现资源共享，方便各类学习内容的高效上传、制作、存储和管理，为各种使用者提供方便快捷的上传和下载功能，为教学管理者提供资源访问、效果评价分析，从而提高优质教学资源的利用率和共享率，使优质教学资源更好地为实际教学系统服务。

学校可以选择优秀的教学资源，如教学视频、教案、试卷、图片、动画、备课材料等，将其上传至云平台中心。云平台系统会根据需求将这些教学素材加工成各类的教学资源，使其具有统一标准，成为更易于教师使用的教学资源，便于优秀教学资源的共享。

教师可以根据权限对教学资源进行查询、修改，及上传至教学资源云平台，并且授权指定的学生通过教学资源云平台在线学习、下载学习资料等，实现教学资源数字化，使学生更方便地学习。

教学资源云平台主要由公共资源数据库、个人资源云平台、资源管理系统、资源查询系统、管理员、教师和学生相对应的应用接口等几大部分构成。教学资源云平台具有促进主动式、协作式、研究型、自主型学习的作用，是形成开放、高效的新型教学模式的重要途径，是示范性院校展示和推广本校教学改革成果的重要平台。教学资源云平台是以资源共建、共享为目的，以创建精品资源和进行网络教学为核心，面向海量资源，集资源分布式存储、资源管理、资源评价、知识管理为一体的资源管理平台。该云平台可以实现资源的快速上传、检索、归档并运用到教学中，实现资源的多级分布式存储、学校加盟共建等，最终形成教学资源大数据管理。

3.3 诊断与改进

诊断与改进

2019 年 3 月，联合国教科文组织发布《教育中的人工智能：可持续发展的挑战和机遇》的报告，提出"人工智能技术能够支持无处不在的学习访问，有助于确保提供公平和具有包容性的教育机会，促进个性化学习，并提升学习成果"。

人工智能教育发展的愿景是促进人工智能教育的可持续发展，人工智能赋能教育的目标是改善学习和促进教育公平，为人工智能教育时代做好准备，构建面向数字化和人工智能赋能世界的课程，通过后期教育和培训增强人工智能的能力。

1. 人工智能教育目前存在的问题

"人工智能 + 教育"尚处在初始发展阶段，真正实现教育变革还有很长的路要走，在发展的历程中，目前还需要解决的主要问题如下。

智能技术层面上，人工智能教育技术尚未成熟。目前市场上的很多产品仍不够智能，学习数据稀疏、学习模型以偏概全等问题亟待解决。

应用领域层面上，人工智能技术与教育的结合还不够紧密。目前大多数产品仅关注自适应学习的单一狭窄领域，对学生的成长、综合能力的发展和评价、身心健康等方面的关注不够。

信息数据层面上，没有数据就没有智能，教育人工智能的关键瓶颈在数据，主要是不同教育系统、平台间的数据没有开放和共享，信息孤岛现象严重，难以采集学生学习全过程的数据。

智能决策层面上，单一的智能算法无法适应复杂多变的教育场景，有以偏概全的风险，需要多个智能系统联合决策，加强人工干预，并实现人机联合决策。

价值认识层面上，既有对人工智能全盘肯定、在教育应用过程中"唯人工智能"的思想，也有对其全盘否定、对人工智能的有益之处视而不见的思想。在人工智能教育应用方面，应强调人机协同，不高估也不低看。

2. 人工智能改善学习和促进教育公平

人工智能可以在三个方面促进教育公平。

（1）优质资源共享方面。我国的互联网基础建设为人工智能进一步促进教育公平打好了基础，国家数字教育资源公共服务体系基本建立，逐步实现了"三通两平台"。通过互联网、人工智能等技术整合，可以把优质的教育教学资源迅速、高效、低成本地辐射到边远贫困地区，并在一定程度上满足个性化教育的需求，进一步增加优质资源的使用率，促进教育公平的实现。

（2）教师队伍建设方面。教师是立教之本、兴教之源，承担着让每个孩子健康成长、做人民满意的教育的重任。在数字化、智能化的教学环境中，教师能够借助人工智能等技术采集各种教学数据，可以进行自动化作业批改，通过大数据分析统计对学生的学习进行综合评价，从而作出诊断与整改，通过科学数据因材施教。这将使教师的教学、教研、管理等日常工作全程数据化，意味着可以节省教师大量重复性、琐碎性、事务性劳动的时间，让教师可以实现人机协同，更多地关注个性化教学、自适应学习及创新性教育活动，以此达到高水平人才培养的目的。

（3）创新教学方式方面。基于人工智能技术支持的互联网系统，打破了地区之间的资源壁垒，促进了偏远地区与教育发达地区的协同发展。远程教学可以实现远在另一个地方的教师以远程直播的方式，同时面对多所学校，包括偏僻的农村学校进行教学；与此同时，农村学校的教师可以将注意力更多地转移到个性化教学上来。这样既保证了优质教学资源共享，又可以实现因材施教。这种线上线下混合教学、多位教师共同建立新型教学方式的形态，创造了新的教育生态，不仅让偏远地区的学生享受到了优质的教育资源，同时也进一步联动提升了当地教师的专业发展。

3. 人工智能教育融入人才培养

（1）人工智能从学生、教师和学校三方逐步融入高校人才培养。人才培养是高校最基础的职能，在教育信息化的大背景下，高校的学科专业设置、学生管理机制、教学组织形式、教学方式和学习方式乃至教室布局等都将受到冲击，高校的人才培养模式面临转型压力，人工智能在高校人才培养上的价值值得关注。

具体来说，面向学生，人工智能将由弱到强发挥补偿教学、支持自主探究学习和智能书童的作用；面向教师，人工智能将支持教学改进，进而支持教师角色转型，最终发展到支持教学自动化；面向学校，人工智能将促进学校改进、构建新型家校关系及新型培养模式。人工智能在融入人才培养的中后期，学生个性化学习的特征不断凸显，将促进新型培养模式的形成，并最终发挥人工智能在教育应用中的潜能，即支持个性化学习、提供教学过程适切性服务、提升学业测评精准性、助力教师角色转变及促进交叉学科发展。

（2）人工智能以学习、教学、管理、资源与环境为关键路径变革高校人才培养。在具体路径上，人工智能通过赋能高校人才培养中的学习、教学、管理、资源和环境五大关键要素，在逐步整合应用的基础上，实现对高校人才培养模式的全面变革。学生学习是新型教学范式下人才培养的核心环节，为促进学生学习，需要进一步开展基于人工智能的大学生学情研究，推动"人工智能 + 教育"的平台建设。

基于人工智能技术的学生画像技术是学生画像系统在高校大数据应用中的延伸，以微观监测为特长，能深入学生的学习过程，精准了解学生的学习特点、个性特征，根据学生的在校行为数据抽象出标签化的学生模型，为促进学生个性化学习、实现基于过程的教育评价提供支持。"人工智能 + 教育"大平台能够汇总分析学习大数据，挖掘数据背后的群体特征，为教师有针对性地调控课堂安排、推动学习进程等提供依据。例如，如果一名学生经常上网查阅资料，那么系统可根据他上网查阅资料的频率和时长等数据，利用模型分析出是否为"英语学习爱好者"，甚至还可以根据上网查阅资料的内容判断出学生的潜在心理意向，贴上"有考大学英语六级倾向"这样更为具体的标签。所有这些标签通过计算呈现出来，一个鲜活的学生形象就会展现在面前，形成学生画像。

在促进教师教学方面，未来人工智能技术的应用能部分解决教师备课、授课效率低及效果不好的问题，更为关键的则是促进教师在智能环境中持续发展。人工智能具有承担高校教师部分日常重复性工作的潜力，如辅助教师进行课堂管理、开展课程资源建设、解答常规性专业问题等，教师的工作负担将得到减轻。同时，人工智能在教育上的应用也对教师的能力结构带来了冲击，教师不再是知识权威，教师的专业性不再体现在知识上，而是体现在学生学习的陪伴、个性的尊重、潜能的挖掘等更加人文的层面，促进学生知、情、意的全面发展。随着人机合作式学习成为主流，教师的人机协调能力也需要进一步加强，努力成为人机合作式学习的榜样，帮助学生获得良好的人机互动体验，掌握基于智能技术的学习方法。

在学习资源建设方面，人工智能技术需要在促进资源库智能化的基础上，进一步探索满足学生个性化学习的技术机制。当前建成的资源库及资源平台具有静态性、封闭性的特点，无法自动进行资源跟踪更新、跨库融合检索，以数据挖掘等为核心的智能技术为解决此类问题提供了可能。以智能化学习平台为中心，为推进学生个性化学习，还需要面向不同学生开展个性化学习资源推送。利用大数据技术，通过对学生行为数据的分析和挖掘，能实现基于学生不同学习风格、学习内容的个性化推送。

　　在提升教学管理方面，人工智能技术以优化管理环节为基础，以促进智能时代人才评价方式及观念的转型为重点，未来将推动高校治理现代化的实现。当前，高校的日常管理中存在信息多重填报、资源割裂封闭等问题，智能技术为疏通管理环节、构建信息流程提供了技术支持，管理人员将从繁杂重复的事务中解放出来，从事真正提升教育教学质量的服务工作。作为一项重要的管理工作，人才评价也将在智能技术的支持下获得新的发展，各类过程性、个体化的监测技术及其数据为高校的评价工作带来了新的手段和思路，从总结性、奖惩性评价向过程性、诊断性评价转变，高校的人才培养工作将在更大程度上实现以评促学、以评促教。机器学习、专家系统和人机交互等关键技术具有帮助高校筛选信息、识别情境、科学决策的潜力，要使其真正发挥作用，还需要高校构建治理体系，借助技术力量倒逼高校内部调整体制机制，成为高校治理体系构建的契机与保障。

　　在学习环境建设方面，构建支持学生学习过程、学习交互等数据的采集与记录的智能化学习环境，推动形成物理环境、虚拟环境、信息环境相协调的新型学习空间，推动协作学习、多场域学习等新型学习方式的应用。人脸识别、情感计算、智能助手等智能技术在课堂上、课外等学习环境中的应用，能够对学生学习过程的情感体验、认知结果等进行识别分析，并以多模态数据的形式进行记录、跟踪，为教育教学提供基础性的证据支持。在此基础上，进一步推动学习空间的扩展与整合，以虚拟现实、增强现实等技术为代表，拓展学生的体验空间，实现对客观物理学习环境的超越，帮助学生在多维度的学习空间中进行迁移与切换，促进人机环境一体化，并最终变革当前"以教师为中心"的教学模式，促进"以学生为中心"的教学方式的形成。

3.4　教育机器人

1．教育机器人概述

教育机器人

　　教育机器人是由生产厂商专门开发的机器人硬件或软件，可以提高教学效果、减轻教师工作量，同时可以激发学生学习兴趣、培养学生综合能力（图3-7是一个硬件机器人，教育机器人还可以是软件）。它一般具备以下特点：首先是教学适用性，符合教学使用的相关需求；其次是具有良好的性能价格比，特定的教学用户群决定了其价位不能过高；再次就是它的开放性和可扩展性，可以根据需要方便地增、减功能模块，进行自主创新；此外，它还有友好的人机交互界面。

图 3-7　教育机器人成品示意

2. 教育机器人应用

机器人的发明、研究及应用实践是由科学研究和社会生产的需求推动的，进入教育是其领域的扩大与发展。但是，机器人所涉及的知识的广泛性和技术的综合性使其对教育而言具有更多的价值。根据相关研究与实践，教育机器人的应用可以分为四种类型。

（1）第一种类型：机器人辅助教学（Robot-Assisted Instruction，RAI）。机器人辅助教学是指师生以机器人为主要教学媒体和工具所进行的教与学活动。与机器人辅助教学概念相近的还有机器人辅助学习（Robot-Assisted Learning，RAL）、机器人辅助训练（Robot-Assisted Training，RAT）、机器人辅助教育（Robot-Assisted Education，RAE），以及基于机器人的教育（Robot-Based Education，RBE）。机器人辅助教学的特点是它不是教学的主体，而是一种辅助手段，即充当助手、学伴、环境或者智能化的器材，起到一个普通的教具所不能有的智能性作用。

（2）第二种类型：机器人管理教学（Robot-Managed Instruction，RMI）。机器人管理教学是指机器人在课堂教学、教务、财务、人事、设备等教学管理活动中所发挥的计划、组织、协调、指挥与控制作用。机器人管理教学在组织形式、组织效率等方面可以发挥其自动化、智能化的特点，属于一种辅助管理的功能。

（3）第三种类型：机器人代理（师生）事务（Robot-Represented Routine，RRR）。机器人具有人的智慧和人的部分功能，完全能代替师生处理一些课堂教学之外的其他事务。例如机器人代为借书，代为做笔记，或者代为订餐、打饭等。利用机器人的代理事务功能，目的是提高与学习相关的生活效率，能够促进学习效率、学习质量的提高。

（4）第四种类型：机器人主持教学（Robot-Directed Instruction，RDI）。机器人主持教学是机器人在教育中应用的最高层次。在这一层次中，机器人在许多方面不再是配角，而是成为教学组织、实施与管理的主人。这好像是遥不可及的事，但是人工智能结合虚拟现实技术、多媒体技术等让它成为现实并非太难。

纵观机器人进入教育的四大方式，很多功能也是相互辅助、相互关联、相互融合的，我们不应完全把它们割裂开来。

3.5　人工智能促进教育公平

教育公平是社会公平的重要基础。经过新中国成立以来七十多年的发展，中国在教育领域取得了举世瞩目的成就，在 14 亿人口中普及了义务教育，提高了高等教育入学率，全面提高了国民的知识素养和文明素质。但乡村和城市在教育水平方面仍存在很大差距，特别是一些偏远地区的教育方式、教学手段、教学内容还比较落后，学校的硬件条件、师资队伍、教学管理诸多方面与大城市的学校存在较大差距，缩小这样的差距是我们实现教育公平的首要任务。

人工智能时代，大数据、人工智能等技术的广泛应用，深刻变革了人才培养模式，也改变了教育治理体系和教育服务方式，为深入推动教育扶贫提供了技术支持手段。近年来，中国致力于用新技术手段助推教育扶贫，探索一条教育精准扶贫的新路径，促进了优质教育资源的共享利用、提升了教师的信息应用能力、创新了教育扶贫新路径。

我国强大的基础建设为人工智能促进教育公平做好了铺垫工作。国家数字教育资源公共服务体系基本建立，逐步实现"三通两平台"，全国教学点数字教育资源全覆盖项目惠及边远贫困地区几百万孩子。通过互联网、人工智能等技术整合，能够把优质的教育资源迅速、高效、低成本地辐射到边远贫困地区，并在一定程度上满足个性化教育需求，进一步增加优质资源的普适应。

　　基于人工智能技术支持的互联网系统可以让远在城市的优秀教师以远程直播的方式，同时面对多所偏僻的农村学校进行教学，让农村孩子和城市孩子同时接受相同的优质教育资源。而农村学校的教师可以将注意力更多地转移到个性化教学上来，给学生提供针对性的辅导和答疑。这是一种新的教学方式，结合线上和线下进行，充分利用了城市和乡村的优势，实现了线上线下的混合教学，创造了新的教育生态。

　　据统计，目前我国慕课总数量已经达到 1.25 万门课程，2 亿多人次参与。慕课平台上的课程为每一个人提供了更多优质课程的学习机会。这种大规模共享课程的方式，让知识的传播不再有门槛，让偏远地区的孩子们也能够享受最好的教育资源和课程，让普通大学的学生能够有机会听到重点大学知名学者的课程，让每个想学习的人能够随时随地通过互联网学习。

习　题

1. 下面 _____ 说法是错误的。

　　A. 人脸识别的最大优势是唯一性及终身不变性

　　B. 智能识别是人工智能的一个重要应用方向，包括人脸识别、图像识别、语音识别等

　　C. 教育行业将成为人工智能完全可以取而代之的一个行业

　　D. 教育机器人可以辅助教师处理一些日常事务

2. 虚拟现实的英文简称是什么？

3. 人工智能技术在智慧校园中有哪些应用？

第 4 章

人工智能 + 家居

近年来，人工智能产品不知不觉走进了普通人的家庭，改变了普通人的家居生活方式，人工智能和家居的结合产生了智能家居这个新的产业方向。

下面分别讲解人工智能在家居、可穿戴设备、养老、楼宇四个领域的具体应用。

4.1 智能家居

智能家居是利用先进的计算机技术、人工智能技术、网络通信技术、综合布线技术、医疗电子技术，依照人体工程学原理，融合个性需求，将与家居生活有关的各个子系统（如家电产品）

智能家居

有机地结合在一起，通过网络化实现综合智能控制和管理，实现"以人为本"的全新家居生活模式。

智能家居最基本的目标是为人们提供一个舒适、安全、方便和高效的生活环境；技术核心是让家居产品能感知环境变化和用户需求，自动进行控制，以提高人们的生活品质。

智能家居可以实现主动反馈、自然交互、远程响应和智能控制等功能，它的设计必须从人性需求角度着手，并具备互联、智能、感知和分享功能。

1. 智能家居的发展阶段

第一阶段：家居自动化。家居自动化就是利用微电子技术和内嵌程序来控制家里的电器产品或系统，例如自动电饭煲、自动控制空调，带有预约功能、定时功能，方便用户使用。

虽然现在看来，这些功能还很简单，很容易实现，称不上智能，但在当时也是一个很重要的技术进步，为智能家居的发展奠定了基础，是智能家居发展中的第一步。

第二阶段：智能单品阶段。这一阶段是智能家居的萌芽阶段，主要是智能家居单品，例如智能开关、智能插座、智能门锁、智能摄像机、智能灯泡、智能音箱、智能电视、扫地机器人等，都具有一定的智能属性，例如智能门锁可以实现人脸或指纹识别，智能音箱可以实现语音识别。这一阶段最明显的特点是，市场上出现了不少智能家居产品，但这些产品都是单品，并且它们之间彼此孤立存在，不能互相连接、互相通信。

第三阶段：网络互联。随着物联网的迅速发展，物物相连成为一个必然趋势，而家庭中的电器产品就是万物互联中的重要连接对象。将家居设备连入网络，让家居设备互相连接，通过手机 App 实现远程控制。

网络互联的技术核心就是将 Wi-Fi 模块植入家电中，使其能够上网，能被网络中的其他设备控制。

第四阶段：智能化。这一阶段是将智能家居与人工智能技术结合，主要是对家居"智能"方面的深度挖掘，大数据和云计算能力会得到充分发挥，深度学习、计算机视觉等技术也将得以运用，最终实现智能家居产品对人的思维、意识进行学习和模拟，使产品具有一定的记忆能力和学习能力，能够主动满足用户的需求，能够根据用户的实际家居环境、生活习惯、兴趣爱好、身体状况等来为用户服务，能够与用户互动并提供反馈。

这个阶段的核心技术是神经网络技术、大数据技术、云计算技术等。通过大量数据的采集、分析和计算，智能家居系统能够自动判断用户的喜好、行为习惯，能够自动执行命令。当然，用户也可以对家居系统进行调整和设置。

第五阶段：智能生活管家。在这个阶段，智能家居不但能满足人们很多需求，还能根据用户的特点提供更加科学的建议，相当于生活助理。例如对"三高"患者提出合理的饮食建议和运动建议，根据主人的工作内容做更合理的时间规划和安排，根据天气情况给主人提供穿衣建议……

这一阶段的智能家居设备具有感知能力、学习能力、探测能力、分析能力、判断能力、反馈能力，家居设备之间能够互联、互通、互控，能够根据用户的年龄、兴趣爱好、生活习惯、职业特点等基本信息，精准呈现有针对性的内容。

2. 智能家居系统的构成

一个完整、成熟的智能家居系统一般包括网络布线系统、智能照明系统、安防监控系统、背景音乐系统、家庭影院系统、电器控制系统、环境控制系统等子系统。

（1）网络布线系统。网络布线系统是通过弱电布线，把所有系统集结在一个主机上来发射信号，再由一个控制器（如手机或平板电脑）来控制。

（2）智能照明系统。智能家居中的智能照明系统是将数字智能网关、智能开关、智能插座、智能家居遥控器、智能灯光遥控器结合起来对灯光照明进行控制的系统。该系统采用无线的方式控制灯光的开和关，调节灯光的亮度，实现各种灯光情景的变换。

（3）安防监控系统。安防监控系统是利用网络技术将安装在家里的视频、音频、报警等监控系统连接起来，通过中控电脑的处理将有用信息保存起来并发送到其他数据终端，如手机、110 报警中心等。

一个完整的智能安防系统主要包括门禁、监控和报警三大部分。更理想的安防系统应该还可以将危险消除在萌芽状态，或者消除已经出现的危险。例如当家里的电器线路老化时，系统能够及时监测到并给予提示；当家里出现煤气泄漏时，能自动切断开关并报警；当家里出现火情时，自动启动灭火器并能够瞄准目标。

（4）背景音乐系统。智能背景音乐系统就是在家中选择几个房间（如客厅、卧室、书房、卫生间等），在这些房间里面布置上背景音乐的线和音响，让人在这些房间都能听到美妙的音乐。然后在客厅装上一个平板控制系统，用来控制各个房间的音乐开关。

（5）家庭影院系统。智能家庭影院系统通过手机实现所有控制，只需要轻轻一点，所有视听设备逐一开启，灯光、温度、湿度自动调节至最舒适的状态，如图 4-1 所示。

图 4-1　智能家庭影院系统示意

（6）电器控制系统。智能家居中的电器控制系统是对电器进行智能控制与管理的系统。通过网络把所有电器以一定的结构有机地组合起来，形成一个管理系统。通过这个管理系统，用户可以对家居设备进行集中、遥控、定时、远程控制，甚至用手机来管理家电，从而实现智能家电系统节能、环保、舒适、方便的特性。

（7）环境控制系统。智能家居环境控制系统可以自动检测室内的环境，包括温度、湿度、PMI 等指标，能够自动启动空气净化器、新风系统等设备，让环境更舒适健康。

3. 智能家居系统的控制方式

智能家居系统一般通过如下几种方式进行控制。

（1）遥控器控制。通过遥控器来控制家中的电器、灯光、电动窗帘等。

（2）语音控制。通过语音直接向智能家居系统中的控制对象发出指令，例如对空调发出指令"制冷，26 摄氏度"。对智能音箱发出指令"播放 ××× 歌，音量 50"。

（3）定时控制。根据家中成员的作息习惯设定家用电器的自动开启和关闭时间，例如设定电饭煲凌晨 5 点开始煮粥，空调夜里 12 点自动关闭等。

（4）智能终端控制。将智能家居系统的所有控制功能集中在智能终端设备上，例如手机可以对家居系统中的所有设备进行近距离或远距离控制。

（5）监控控制。利用视频监控功能，可以在任何时间、任何地点通过网络，使用浏览器进行影像监控和语音通话。

（6）自动控制。系统可以进行自动控制，例如自动将房间的温度和湿度调到最适合人体的程度，甚至能记住主人的兴趣爱好、健康状况、年龄特点，并自动进行设置。当出现危险的时候能够自动报警，例如检测到房间的烟雾浓度超标能自动启动灭火器，或是家中有外人闯入，能够自动拨打相应的电话报警。

在智能家居系统中，一般绝大部分操作都是可以通过手机一键控制（图 4-2）或者语音控制的，降低了用户的门槛。

4. 我们身边的智能家居应用

我国在智能家居领域发展很快，市场上出现了很多国产智能家居产品。

（1）小米 AI 音箱。小米 AI 音箱是小米公司于 2017 年发布的一款智能音箱，其功能在每年都有升级和更新，基本功能包括在线音乐、网络电台、有声读物、广播电台等，提供新闻、天气、闹钟、倒计时、备忘、提醒、时间、汇率、股票、限行、算数、查找手机、问答、闲聊、笑话、菜谱、翻译等各类功能，如图 4-3 所示。

图 4-2　智能家居系统中的一键控制

图 4-3　小米 AI 音箱

小米 AI 音箱可控制小米电视、扫地机器人、空气净化器等小米设备，也可通过小米插座、插线板来控制第三方产品。

小米把"小爱同学"作为 AI 音箱的唤醒词，用户只要叫一声"小爱同学"

即可唤醒音箱。

小米 AI 音箱的核心技术包括语音识别、自然语言交互和大数据技术，是一个功能较全的人工智能产品。

（2）"小度在家"。"小度在家"是百度 AI 首款智能视频音箱，涵盖视频通话、早教陪伴、生活助手、智能家居控制等领域。

"小度在家"具有多方视频通话功能，"一呼即通"，实现高效的可视电话；此外，它还有远程监控、语音拍照、儿童保护、趣味百科、海量语音内容和语音日常提醒等功能。

"小度在家"搭载了百度的语音处理人工智能技术，在语音控制的同时，还可以通过屏幕显示内容，使人机交互性更加强大，如图 4-4 所示。

图 4-4　小度在家

（3）扫地机器人。扫地机器人又称智能吸尘器，是智能家居产品的一种，能自动完成地板清理工作。图 4-5 和图 4-6 就是两款扫地机器人。

图 4-5　科沃斯扫地机器人

图 4-6　华为智能扫地机

扫地机器人的机身为无线机器，以圆盘形为主，使用充电电池运作；可通过遥控器、手机或是机器上的操作面板进行操作；一般能支持设定时间预约打扫，自行充电；机身前方有感应器，可侦测障碍物，碰到墙壁或其他障碍物时会自行转弯。

例如新上市的华为智能扫地机器人可实现语音控制、智能家居场景联动等功能，让扫地机器人真正融入智能家居生活。通过华为智慧生活App，用户可远程控制，实时查看清扫轨迹。还能设置各种场景，例如设置离家场景，用户离家后，扫地机器人自动清扫，当用户外出或下班回到家时，屋子已收拾得干干净净；扫地机器人可与智能门锁联动，当门锁启用离家模式时扫地机器人自动开始清扫，十分便捷。此外，通过华为手机、平板、音箱、智慧屏进行语音控制，不用动手说话就可以控制扫地机器人。

（4）智能门锁。和传统机械锁相比，智能门锁一般采用密码控制、指纹识别、声音识别、掌纹识别、人脸识别等方式来控制门禁系统，提高安全性和便捷性，如图4-7所示。

图4-7 智能门锁

智能门锁也可以通过远程控制来开门关门，例如当家里有人没带钥匙的时候，其他人可以通过遥控为家人远程开门；上班之后，忽然想起家里的门没关，可以通过远程控制关门锁门。

智能门锁控制方案中，对门锁的嵌入式开发是比较重要的一步，这样才能在硬件上实现无线数据转换及无线控制。嵌入式 Wi-Fi 模块采用 UART（通用异步收发传输器）接口，内置 IEEE 802.11 协议栈及 TCP/IP 协议栈，能够实现用户串口与无线网络之间的转换。

5. 智能家居系统

智能音箱、扫地机器人、智能门锁、智能空调、智能冰箱都是单个的智能产品，而智能家居系统是一个综合性的控制平台，可以使家居生活中的智能产品互相连接、互通数据，从而集中控制。

下面以海尔公司的 U+ 智慧生活平台为例进行讲解，如图 4-8 所示。

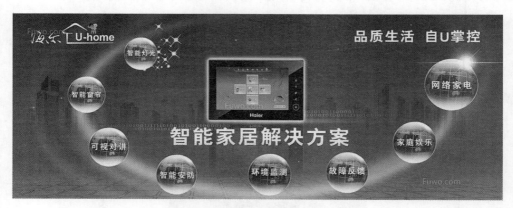

图 4-8　海尔 U+ 智能家居系统功能

U+ 智慧生活平台是海尔旗下全球首个智能家庭领域全开放、全兼容、全交互的智慧生活平台。U+ 平台以 U+ 物联平台、U+ 大数据平台、U+ 交互平台、U+ 生态平台为基础，以引领物联网时代智慧家庭为目标，以用户社群为中心，通过自然的人机交互，搭建 U+ 智慧生活平台，实现智能全场景，为用户提供厨房美食、卫浴洗护、起居、安防、娱乐等家庭生态体验。

通过这一系统，用户只需 12 秒就可以实现与所有智能家居终端如各类家电、灯光、窗帘及安防等设备跨品牌、跨产品的互联互通，实现了较之前更加便捷的智能操作应用体验。

海尔 U+ 系统中的一个核心产品是 UBoT 智能机器人，它具有人类的外观，可以移动，具有家电智能管家、家居安全卫士、家人陪护、生活助手等功能。当

UBoT 智能机器人连接 Wi-Fi 后，通过内部传感器，能动态感知家居环境的温度、湿度、照明亮度及安全设备的工作状态等信息，并根据主人的语音指令进行相应的动作。Ubot 智能机器人还可以不断学习，在感知用户的生活习惯、了解用户的行为喜好之后实现自主决策，帮助用户控制家电，主动提供服务。它的眼睛部位配备了两个摄像头，用户可以通过手机远程控制摄像头的角度，实现对家中环境的监控，真正实现能听、能看、能说、能嗅、能走、会思考，成为用户的生活管家。它可以指挥整个家居系统中的家居设备，让它们互联互通，为用户提供各种场景式服务。当家中发生漏水、漏电、火灾等情况时，它会立即发出报警信号。

UBoT 智能机器人打破了手机作为智能家居入口的行业瓶颈，进一步升级了智能家居用户的体验。

在海尔 U+ 系统中，处处都有人工智能技术的应用。具有人工智能特点的家电产品能识别语言，而且具有多场景语音识别功能，能准确听懂用户的意思；基于领先的深度神经网络技术，智能家电能提供流畅自然的语音合成服务，实现"开口说话"；基于深度学习算法，智能家电能智能识别物体、主人，进行自动判别；智能家电能够对场景的自然语言进行分析、理解、生成、翻译，实现自然的人机对话，正确理解用户指令；利用大数据分析，智能家电能理解用户特征、兴趣爱好，实现精准的用户分析和个性化主动服务。

智能家居技术是人工智能技术和家居技术结合的产物，近年来，国内智能家居市场规模增长迅速，市场总规模巨大，很多国内互联网公司和家电企业涌现出了一批优秀的智能家居产品，像前文提到的华为、小米、科沃斯、百度、海尔等都是知名的民族品牌，在智能家居领域做出新尝试，取得了优秀的成果。

4.2　智能可穿戴设备

未来，衣服、帽子、鞋袜会不仅仅起保暖、美观的作用，还可以通过嵌在其中的人工智能芯片获取人的身体健康信息和相关数据，并进行存储和传输，实时获取人的健康情况并作出反应，这就是智能可穿戴设备。

智能可穿戴设备

智能可穿戴设备是指通过对日常穿戴用品进行智能化设计而开发出的相关设

备，如可以测量脉搏、进行定位、获取运动信息的智能手表、智慧运动鞋，可以测量脑电波、体温的帽子等。通过智能可穿戴设备，人们可以更好地感知和获取外部环境和自身的信息，并能够对这些信息作出及时的反应。

在大数据时代，智能可穿戴设备是构成智能系统的重要终端节点，它们随时获取数据，存入大数据仓库，供分析和处理使用。

1. 智能可穿戴设备的特点和分类

（1）智能可穿戴设备的特点。和普通的穿戴设备相比，智能可穿戴设备有两个特点：一是可长期穿戴，而且必须穿戴在人体上；二是智能化，设备中有先进的电路系统和智能系统，可以对获取的人体数据进行存储、处理和传输。

（2）智能可穿戴设备的分类。智能可穿戴设备的应用领域主要分为两大类。

1）自我量化领域。这个领域包括①户外运动健身领域，如可以实现运动或户外数据监测分析的手表、手环等；②医疗保健领域，如可以提供血压、心率等特征的检测与处理的医疗背心、腰带、头盔等。

2）体外进化领域。此类智能可穿戴设备可以帮助用户实现自身技能的增强或创新，无须依赖智能手机或其他外部设备即可实现与用户的交互，一般被称为增强现实。其实现实并不会被增强或改变，真正增强的是人的意识，是在穿戴设备和人工智能的帮助下，将原本在现实世界空间范围中比较难以进行体验的实体信息在电脑等科学技术的基础上实施模拟仿真处理、叠加，是将虚拟信息内容在真实世界中的有效应用，并且在这一过程中能够被人类感官所感知，从而实现超越现实的感官体验，如 VR 智能眼镜。

2. 智能可穿戴设备的核心技术

智能可穿戴设备是"人工智能＋穿戴设备"，是科技与人类体验的完美结合。通过设备获得数据是智能可穿戴设备的核心目标，物联网技术、大数据技术和云端计算是智能可穿戴设备的最大核心技术。

传感器是智能可穿戴设备的核心器件，使人体的感知能力得到了补充和延伸，智能可穿戴设备是传感器的载体。

通过传感器，智能可穿戴设备能够准确地定位和感知每个用户的个性化数据，形成针对每个人独一无二的特定数据。智能可穿戴设备的计算方式以本地化计算为主，辅以云计算技术，归纳总结人们的日常数据、分析预知人们的需求，从而找到用户的个性化需求，由此展开有针对性的服务。

智能可穿戴设备还可以运用人工智能技术中的语音识别，从而能捕捉人类的语音指令并作出相应的判断，无须触发任何按钮。

智能可穿戴设备产业发展的进程和方向由五大关键技术决定，具体如下。

（1）人机交互技术。在物联网时代，当人成为万物控制的中心时，人机之间的"沟通"方式也将发生变化。着眼于直接、便捷的交互需求，一种基于人类生理特性的交流方式将应运而生，就像当下人机之间可以直接"对话"一样。

在智能可穿戴设备中，显然不太可能再像普通设备一样，通过界面触控操作去寻找自己所需的信息。智能可穿戴设备常常使用语音交互，构建起人与设备之间的交流。当然，语音交互并非人机交互的终极方向，更高一级的脑波交互将可以实现人和设备之间的思维交流。

（2）虚拟显示技术。伴随着人机之间交流方式的改变，屏幕也将被重新定义，由当前的重模式向轻模式转变。

从屏幕的发展阶段来看，在工业时代，屏幕围绕着最为传统的第一屏来构筑，也就是电视屏幕；在互联网时代，开始转向于围绕第二屏来构筑，也就是电脑屏幕；进入移动互联网时代，围绕第三屏幕，也就是手机屏幕来构筑。到了物联网时代，显示方式也将由当前的物理屏幕转向可在任意空间显示的"轻"屏幕，而生活也将围绕着"无处不在"的第四屏，即虚拟显示技术展开。虚拟屏幕将在任意空间成为获取信息的载体，成为人机之间沟通的一种视觉补充。

（3）云平台与人工智能。智能可穿戴设备的普及必然涉及大量数据的处理和分析。由于前端的数据处理中心转移到了云平台，在云平台上的海量数据靠当前的程序运算与抓取显然是难以满足物联网时代发展需求的，于是，具有自我运算和判断能力、具有大数据处理能力的人工智能技术势必将成为下一个关键技术。

（4）无线通信与充电技术。目前，通信技术已经进入了5G时代。传统通信的覆盖面积、通信效率难以满足物联网时代对数据无时无刻、无处不在的需求。从目前的技术发展来看，5G技术、6G技术的到来，能在一定程度上解决这个问题。

但是，另一个更为重要的技术难点却很容易被忽略，那就是无线充电技术。在物联网时代，智能穿戴设备依托无处不在的无线通信技术进行信息交互的同时，设备的充电技术显得非常重要。而无线充电技术与无线通信技术的融合，将实现在数据交换的过程中根据需要同步进行电量的补给。也就是说，在物联网时代，一个智能可穿戴终端设备在任何环境下都将可以随时随地通信与充电，并且两者都将基于无线技术实现。

（5）兼容的系统平台。人工智能时代，万物互联，海量的数据将通过无处不在的智能可穿戴终端设备被释放出来。届时，所有企业，不管现在是封闭还是开放，未来都将实现相互兼容，即不同平台背后的数据库都将会在某种程度或是某种商业协议的基础上实现互通。用户不论购买基于何种系统的设备，只要该系统是这个系统平台协议中的成员，就能够获取相应的数据与服务。

以上五大关键技术，不仅是智能可穿戴设备产业发展的关键技术，也是整个人工智能时代的关键技术，影响着人工智能的发展进程。

3. 常见的智能可穿戴设备

（1）智能手环和智能手表。智能手环是一个戴在手腕上的装饰品，可以显示时间、运动计步、睡眠监测、来电显示、信息通知、事务提醒，可以和手机、平板电脑等相连，帮助用户随时了解和检测自己的健康状况，如图4-9所示。

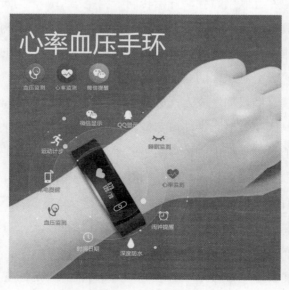

图 4-9　智能手环

智能手表由电子显示屏、摄像头、麦克风、操控按钮和腕带组成，内置智能化系统，能同步手机中的电话、短信、邮件、照片、音乐等。用户可以通过智能手表接听或拨打电话、收发电子邮件、跟踪和管理个人信息，如图 4-10 所示。

图 4-10 智能手表

（2）智能眼镜。智能眼镜拓展了眼镜的功能，可以进行记录和拍摄，本质上属于微型投影仪、摄像头、传感器、存储传输介质和操控设备的结合体，集眼镜、智能手机和摄像机于一身，如图 4-11 所示。

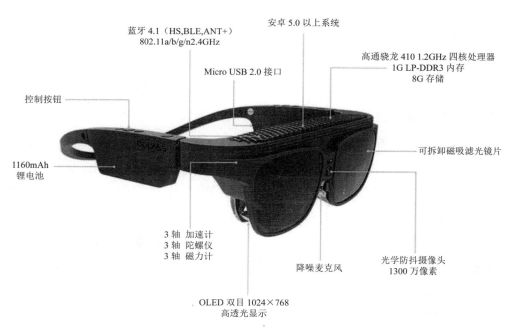

蓝牙 4.1（HS,BLE,ANT+）
802.11a/b/g/n2.4GHz

安卓 5.0 以上系统

Micro USB 2.0 接口

高通骁龙 410 1.2GHz 四核处理器
1G LP-DDR3 内存
8G 存储

控制按钮

可拆卸磁吸滤光镜片

1160mAh
锂电池

3 轴 加速计
3 轴 陀螺仪
3 轴 磁力计

降噪麦克风

光学防抖摄像头
1300 万像素

OLED 双目 1024×768
高透光显示

图 4-11 智能眼镜

有的智能眼镜被做成隐形眼镜的形式，内置传感器，能够检测用户的血糖水平。

智能眼镜可以通过语音、手动、摇头／点头控制，甚至可以通过眼珠转动控制。

从某种程度来说，智能眼镜就是一个可佩戴在眼睛上的智能手机，可以为人们提供 GPS 导航、收发短信、摄影拍照、网页浏览、虚拟现实等服务。

（3）智能鞋袜。智能鞋袜内部装配了加速器、陀螺仪等装置，通过蓝牙与智能手机连接，可以检测用户的运动数据及热量消耗状况，实时追踪用户跑动时的足部活动，并生成精准的数据，为用户分析自己的跑步技术提供有力的依据。此外，它还可以向用户提供健康指导，告诉用户如何改进跑步姿势，获得更好的用户体验。

智能跑鞋应该有如下特点。

1）智能运动。除基本的计步、步频、轨迹、里程、热量消耗等数据量化功能外，可增加运动检测与分析功能。

与手机、手表、手环等相比，智能运动鞋的优势就是无须佩戴额外的产品在身上，所有量化数据都可记录在鞋的智能模块里，运动完成后可同步至手机或云服务器进行分析和反馈。

2）保障性。近年来，儿童的安全备受关注，增加儿童鞋追踪模块，具有其隐蔽性和可靠性。通过 GPS 和移动网络的连接，可随时定位；通过短距离通信的方法和移动网络连接，可设置电子围栏，解放家长的注意力；还可以设置儿童主动安全功能，遇到特殊情况时，可通过隐蔽的方法通知家长。

3）健康医疗。测量基本的血压、心率、体重、体温等数据，使用户能够随时监测自己的基本健康情况。除此之外，工作在外的子女也可以远程随时获取父母的运动数据，通过实时和长期的数据分析，及时跟踪父母的健康状态。

4）游戏娱乐。通过运动检测功能，获得运动交互的数据，结合 VR、游戏等进行人机交互。

目前，因为价格和技术的原因，智能运动鞋还没有普及，市场上并不多见。

（4）智能服装。穿在身上的智能服装可以读出人体的心率和呼吸频率，有的还可以播放音乐，能够在胸前显示文字与图像、调节温度、上网等。

智能服装能够让用户在"零感知"的情况下享受到人工智能带来的体验，如图 4-12 所示。

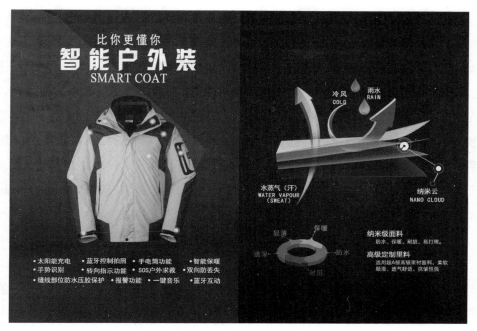

图 4-12 智能户外装

4.3 智能居家养老系统

随着国家科技和经济的发展，人民生活条件和医疗保健水平的提高，中国的人均寿命越来越高，目前我国的人均寿命接近 80 岁。据最新统计，中国 65 岁以上老龄人口已经接近 2 亿，而且这部分人口中的绝大部分都只有一个子女，养老问题成为中国面临的一个重大问题。

智能居家养老系统

随着物联网技术和人工智能技术的不断发展，智能居家养老系统成了时代新宠。智能居家养老系统以"物联网+人工智能+养老服务"为依据，利用移动 App、智能可穿戴设备、智能跌倒报警器等各种智能产品，建立智能化、信息化的居家养老网络系统，提供助餐、助洁、助急、助医、护理等多样化的居家养老服务，减少老人在家出现意外的情况。

1. 智能居家养老系统的基本构成

智能居家养老系统主要由技术、终端产品和服务构成。

（1）技术。智能居家养老系统的核心技术是物联网技术、大数据技术、云计算技术、人工智能技术，通过智能感知和识别技术最大限度地实现各类传感器和计算机网络的连接，让老人的日常生活（特别是健康状况和出行安全）能被子女远程查看，让老人的日常数据能够被采集和分析，对其健康状态进行实时监测。

（2）终端产品。智能居家养老系统采用电脑技术、无线传输技术等手段，在居家养老设备中植入电子芯片装置，使老年人的日常生活随时处于可监控的状态。终端产品一般为感应器设备，有心电检测器、血压检测仪、智能手表等智能可穿戴设备，能够随时检查老人的血压、体重、心率等；终端产品也可以是摄像头、智能家电等家居产品，能够随时远程监控老人的生活状态。

（3）服务。智能居家养老系统的服务包括设备支持服务、医疗支持服务、生活支持服务。设备支持指终端产品的维护、维修服务，以及信息服务平台的技术支持服务；医疗支持服务指由养老机构或者社区、医院提供的医疗救助、医疗跟踪服务；生活支持服务指养老机构或社区为老人的生活提供的便利。

2. 智能居家养老系统的特点

（1）大数据平台实现精准服务。智能居家养老系统依托社区居家养老服务站、日间照料中心等，对接智能终端等设备，采集并持续更新老人数据和健康档案，实现老人信息动态实时管理与分析。在此基础上，平台形成紧急救援、健康管理、GPS 管理等功能，为居家养老对象的衣食住行、照料、就医、康复、社交、购物等提供全方位的现代化、数字化、管家式电子服务。

（2）智能硬件延伸居家养老。智能居家养老系统为居家老人配备智能家电，而且可以支持语音控制，也可以让子女远程控制启动或关闭；智能居家养老系统配备智能血压仪、智能床垫等健康设备，将老人的健康数据实时上传到养老服务信息化平台；通过数据分析，形成健康档案，平台可根据健康档案为老人提供健康评估、健康建议，及时对疾病进行早期干预、早期治疗；智能居家养老系统还可进行健康预警，并通过智能腕表等设备，为居家老人提供定位跟踪、紧急呼叫、日常生活照料等服务。智能居家养老系统示意图如图 4-13 所示。

（3）App 连接家庭维度。智能居家养老系统还为老人、亲属、医生、护工等配备手机 App，对于不能在父母身边的子女，或者因工作忙无暇照顾父母的子女，手机 App 为其提供了随时随地为父母尽孝的便利，充分满足了子女对老人的呵护需要。

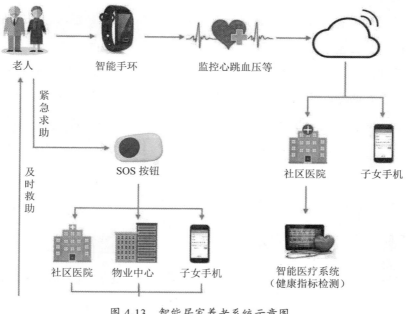

图 4-13　智能居家养老系统示意图

3. 市场上已有的智能居家养老系统

（1）普通版。家里的冰箱、洗衣机、电饭煲、空调、扫地机器人、门锁等都是智能家居产品，都可以和网络相连，通过手机或手环控制，也可以通过语音控制，子女还可以对家里的设备进行同步控制，通过视频监控查看老人的生活情况。

（2）高配版。在普通版的基础之上，通过可穿戴设备对老人的健康情况进行监测，如衣服、腰带等，定时对老人的血压、心率、脉搏等进行测量，一旦出现异常，立即和社区保健人员联系，让老人在第一时间得到救治。同时，手环还有定位、开门、刷公交卡、各种家电的启动和设置、一键报警等功能，几乎集所有控制功能于一身。

（3）升级版。在高配版的基础之上，智能检测系统能够根据老人的健康状况制定菜谱，社区服务中心能够根据各家发出的数据进行配菜；冰箱检测系统能够根据冰箱库存自动向社区服务中心发出购买需求，并自动支付。

大数据采集中心定期通过可穿戴设备获取老人的健康数据，并进行总结和分析，将疾病消灭在萌芽状态，同时根据实时数据制定每天最适合的菜谱供老人选择。家里备有聊天机器人、家居机器人，能够陪聊、做饭，解决老人的情感需求和生活需求。

随着我国人工智能技术的飞速发展，必将可以解决老龄化社会的养老问题，未来每个老人都可以配备一个看护机器人，看护机器人懂得营养学知识、医疗知识、心理知识、生活常识，能够做家务、陪聊天，还能够在老人生病的时候提供照顾服务。

4.4 智能楼宇

智能楼宇

1. 智能楼宇的概念

随着科技的发展，人工智能的应用逐渐扩展到楼宇管理和楼宇安防领域，并且已经成为现代化住宅社区的标配。

在智能楼宇领域，人工智能是建筑的大脑，综合控制着建筑的安防、能耗，对进出大楼的人、车、物进行实时的跟踪定位，区分办公人员与外来人员，监控管理大楼的能源消耗，使大楼的运行效率最优，延长建筑的使用寿命。智能楼宇的人工智能核心将汇总整个楼宇的监控信息、刷卡记录，室内摄像机能清晰捕捉人员信息，在门禁刷卡时实时比对通行卡信息及刷卡人脸部信息，检测出盗刷卡行为；还能计算人员在大楼中的行动轨迹和逗留时间，发现违规探访行为，确保核心区域的安全。

在智能楼宇中，人脸识别技术得到越来越多的应用。人脸识别技术是一门融合生物学、心理学和认知学等多学科、多技术（模式识别、图像处理、计算机视觉等）的生物识别技术，可以用于身份确认、身份鉴别、访问控制、安全监控等。它在楼宇安防方面的应用将极大地提高小区的管理效率和安全性。

走进智能楼宇，无论是灯光、温度还是室内空气流通，都让人感觉柔和、舒适。例如会议室可根据不同的议程设置，自动调节灯光，需要放映幻灯片时，灯光就会自动变暗。通过基础设施平台，可以管理楼宇的照明、空调、新风、窗帘等设备，达到节能、高效的目的。智能楼宇示意图如图4-14所示。

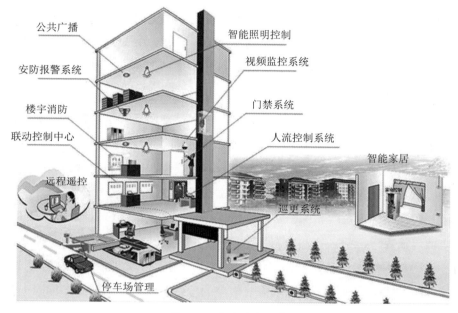

公共广播
安防报警系统
楼宇消防
联动控制中心
远程遥控
智能照明控制
视频监控系统
门禁系统
人流控制系统
智能家居
巡更系统
停车场管理

图 4-14　智能楼宇示意图

2. 智能楼宇系统的构成

一般的智能楼宇系统大概由以下部分组成。

（1）视频安防监控系统。视频安防监控系统是利用视频技术探测、监视设防区域并实时显示、记录现场图像的电子系统或网络。

监控系统由摄像、传输、控制、显示、记录登记五大部分组成。摄像机将视频图像传输到控制主机，控制主机再将视频信号分配到各监视器及录像设备，同时将需要传输的语音信号同步录入录像机内。通过控制主机，操作人员可发出指令，对云台的上、下、左、右动作进行控制，对镜头进行调焦变倍，并可通过控制主机实现多路摄像机与云台之间的切换。利用特殊的录像处理模式，可对图像进行录入、回放、处理等操作，使录像效果最佳。

（2）安防报警系统。安防报警系统是由楼宇的各种传感器、功能键、探测器及执行器共同构成的。报警功能包括防火、防盗、煤气泄漏报警及紧急求助等。

报警系统采用先进的智能型网络技术，由微型计算机管理控制，实现对匪情、盗窃、火灾、煤气、紧急情况等意外事故的自动报警。

（3）楼宇对讲系统。用户可以通过对讲系统查看来访者外貌，记录来访者照片和访问时间，和来访者进行可视讲话，以及控制单元门或者大门。

（4）门禁一卡通系统。门禁一卡通系统用一张智能卡和一套智能卡软硬件平台，向广大用户提供便捷、安全、准确的门禁、考勤、消费、身份识别、电子支付和信息查询等多种服务。

一卡通系统数据保存在一个数据库中，卡片基础信息共享，整个系统集合了很多功能，实现真正意义的一卡通（卡通、网通、库通）。

（5）公共广播系统。公共广播系统可以将管理中心的通知传达到大楼的每一个位置，在发布一些紧急通知时，可以快速有效地传达给每一个人。

（6）多媒体会议系统和信息发布系统。多媒体会议系统可以通过现有的各种电气通信传输媒体，将人物的静态/动态图像、语音、文字、图片等多种信息分送到各个用户的终端设备上，使在地理上分散的用户可以共聚一处，通过图形、声音等多种方式交流信息，增加双方对内容的理解，使人们犹如在参加同一会场中的会议一样。

多媒体信息发布系统是一套专门用于对各种电子信息进行编辑、网络发布和远程控制管理的综合信息显示系统，可以对各种文字、图像、动画、幻灯片、音视频文件、电视、外部动态数据、数字/模拟音视频采集等各种信息素材进行编辑制作，通过局域网或互联网统一管理控制、发布显示等，可以方便地管理成百上千个终端显示屏的信息传播。借助这套系统，管理人员在任何地方都可以将制作好的宣传信息及时传递到分布在任意地点的终端显示设备，并随时控制终端播放的内容和播放形式，从而达到信息发布的"集中管理、统一控制、分散发布"的目的。

（7）楼宇控制系统及楼宇管理系统。楼宇控制系统主要包括空调新风机组、送排风机、集水坑与排水泵、电梯、变配电、照明等。在整个楼宇范围内，通过楼宇自动控制系统及其内置的最优化控制程序和预设时间程序，对所有机电设备进行集中管理和监控。在满足控制要求的前提下，实现全面节能，用控制器的控制功能代替日常运行维护的工作，大大减少工作人员的日常工作量，减少由于维护人员的工作失误而造成设备失控或设备损坏的情况。

楼宇管理系统集成楼宇中各种子系统，把它们统一在单一的操作平台上进行管理，提供了一个中央管理系统及数据库，同时可以协调各子系统间的相互连锁动作及相互合作关系。

中国在智能楼宇领域发展很快，最近几年推出的楼盘大都具有一定的智能楼宇特点，一些建筑公司和家电公司进行合作推出新的智能楼宇楼盘，政府也积极推动传统楼盘的智能化改造。我国相继出台多项涉及智能建筑的政策，鼓励规划智慧城市，为智慧楼宇的发展提供安全的政策环境。

习 题

1. 关于智能家居，下面说法错误的是 _____。

   A. 智能家居的核心是让家居产品感知环境变化和用户需求，自动进行控制，从而提高人们的生活品质

   B. 数据的收集、分析、判断是智能家居发展的一个重要技术领域，也就是大数据技术

   C. 智能音箱技术的重要技术之一就是自然语言交互技术

   D. 目前，智能家居的发展还处在智能单品的阶段

2. 下列说法错误的是 _____。

   A. 扫地机器人最重要的核心之一是路径的探索和规划

   B. 智能门锁的核心技术是识别技术，包括人脸识别、指纹识别等

   C. 自动控制是智能家居的发展方向

   D. 人工智能和物联网技术是两个完全不相关的专业领域

3. 下列说法错误的是 _____。

   A. 智能楼宇管理可以提高楼宇管理的效率，更加安全、高效、节能

   B. 人脸识别技术主要应用在安全领域

   C. 智能居家养老系统的服务包括设备支持服务、医疗支持服务、生活支持服务

   D. 智能楼宇的人工智能核心是网络技术

4. 简述智能可穿戴设备的控制方式。

人工智能在经济领域的应用

第 5 章

人工智能 + 经济

历史上每一次重大的技术进步，都伴随着生产率的大幅度提高。第一次工业革命、第二次工业革命、第三次信息革命均带来了财富的剧增，极大地提高了人类的生活水平。人工智能是科学技术史上的一次重大革新。因此，可以预言，人工智能的快速发展将使世界经济发生深刻的变革。

人工智能时代，智能经济逐渐成为全球经济增长的重要驱动力，正在加速经济发展、提高现有产业劳动生产率、培育新市场和产业新增长点、实现包容性增长和可持续增长。

人工智能将会在至少三个方面促进经济增长。首先，人工智能可以使复杂的体力劳动自动化，提高生产效率和生产质量。其次，人工智能可以补充现有的劳动力和资产，提升工人能力和资本效率。最后，人工智能可以促进创新，人工智能和传统行业的结合将产生新的行业，其中将出现更多的职业岗位和创新产品。

2019 年 10 月 20 日，在第六届世界互联网大会上，百度董事长李彦宏提出"智能经济"的新趋势，他认为，"数字经济在经历了 PC 的发明与普及、PC 互联网、移动互联网这三个阶段后，正在进化到以人工智能为核心驱动力的智能经济新阶段，智能经济将给全球经济带来新的活力，是重新拉动全球经济向上的核心引擎"。

智能经济会催生很多新的业态。交通、医疗、城市安全、教育等各行各业正在快速实现智能化，新的消费需求、新的商业模式将层出不穷。

本章主要围绕人工智能对金融行业、会计行业、客服行业、物流行业、旅游行业的影响进行阐述，讲解人工智能在这些行业的应用。

5.1　人工智能在金融行业的应用

人工智能的深度学习算法需要底层大数据作为支撑和训练，而金融行业则正好有着庞大的数据。人工智能专家李开复说"人工智能最好的应用领域之一是金融领域，因为金融领域是唯一纯数字领域，金融行业的数据积累、流转及储存和更新，都比其他行业更能够满足达到让智能机器人深度学习算法的大数据需求。"

人工智能与金融的结合，必将产生强烈的"化学反应"，催生各种新的金融新形态，如人工智能理财、无人银行等。

1. 人工智能理财

人工智能理财基于大数据技术和神经网络技术对理财产品的风险和趋势进行预测，为用户提供最优的方案。

（1）人工智能对理财的影响。

1）大数据技术可以帮助理财公司和用户做更好的风险和收益判断。例如判断一个产品的风险，或者预估一个基金未来的走向，就需要用到更多更及时的数据。

在用户投资或理财公司做产品规划的时候，人工智能软件可以通过大数据技术、神经网络技术作出一个趋势和收益的判断，给理财公司和用户更好的选择。人工智能理财会让客户更容易决定其资产配置。对于人工神经网络算法而言，数据量越大，训练的次数越多，预测的结果就越准确。

2）人工智能技术改变了客户和平台的沟通方式。未来的人工智能平台会有更多的人工智能客服机器人，这些机器人的声音会跟人一样，可以跟它聊天，可以问它"市场的状况怎么样？""产品的特色是什么？""万一市场有变化，这个产品可能会有怎样的表现？"等。

有了这些人工智能机器人，客户会比较放心地问更多问题，更多地了解产品，做更好的筛选和决策，而且这些机器人可以 24 小时服务，这些都会给理财公司带来更多的客户和更高的效益。

（2）人工智能理财应用。人工智能投资顾问是一种基于大数据技术和人工智能技术的机器人软件，从 2016 年开始迅速发展，是人工智能理财的一个典型应用，简称智能投顾，或是智投。

相较于传统的投资顾问服务，运用人工智能技术的智能投顾服务效率更高、门槛更低，能够惠及更多的普通民众。

例如，招商银行推出的一款智能投顾产品——摩羯智投，可以根据用户自身情况提供最优的基金投资组合，支持客户多样化的专属理财规划，客户可以根据资金的使用周期设置不同的收益目标和风险要求。

光大集团旗下互联网金融平台——光大云付互联网股份有限公司在 2018 年发布了一款智能投资产品——光云智投。光云智投有智能的市场分析系统，能够准确追踪市场热点和舆情风险；光云智投有更智能的资产管理系统，能够根据用户的动态画像进行风险预警；光云智投可以为客户提供分散、优化的资产组合投资。而且它有智能的自我学习系统，在每一次与客户的互动中学习客户的偏好和财务状况。

互联网企业也不甘落后。阿里巴巴蚂蚁金服旗下的蚂蚁小贷、芝麻信用和余额宝都有智能理财的影子；京东金融也推出了智投产品；百度金融则更强调算法，将百度金融定义为"智能金融"；腾讯金融则依赖它的社交平台，例如人工智能对底层支付业务和理财通等业务的促进等。

国内知名的金融理财机构平安陆金所平台也开始用智能理财机器人与用户进行自然语言交流与开放式对话，并为用户提供包括账户查询、产品咨询、市场分析、投资者教育在内的各种金融服务。

2019年的数据显示，借助AI的帮助，陆金所平台的用户服务交互频率比以往提升了5倍，极大地提升了用户服务面及响应速度。同时，人工智能客服的问题解决率提升了2倍，大大提升了用户的服务效率。

目前，国内的智能投资顾问行业还处于探索的前期阶段，但随着传统金融机构在金融科技领域的创新与实践不断深入，它们在用户、数据、技术、人才等方面的协同优势将得到充分发挥，人工智能管理财富的时代即将开启。

2. 人工智能+银行

对于银行而言，人工智能技术可以用于智能营销、智能风控、生物识别、智能网点、智能客服、智能预警、智能管理、智能投资等。基于这些人工智能技术的应用，出现了无人银行。

（1）智能营销。传统的银行营销大多采用线下推广、投放广告，或者工作人员地推的方式，存在成本较高或关键触达程度较低等问题。智能营销通过大数据和人工智能技术，对传统营销模式重新赋能，通过对客户的多维度属性标签化，通过用户画像和配套的模型，经计算机输出定制化的营销方案。

智能营销不仅能提升客户对营销活动的满意程度，还能提升银行的获客能力和市场竞争力。

（2）智能风控。风控就是风险控制。金融行业的风控指的是金融风险管理者采用各种措施和方法，减少或消灭金融交易过程中各种可能发生风险的事件，或减少风险事件造成的损失。将人工智能技术应用到金融业的风险控制中，就是智能风控。

智能风控系统可以抓取交易时间、交易金额、收款方等多维度数据，通过计算机进行高速运算，实时判断用户的风险等级，采取不同的身份核实手段，及时排查交易过程中的外部欺诈与伪冒交易等风险。还可以通过事后回溯，结合基于人工智能的机器学习技术，挖掘欺诈关联账户。

风险识别系统可以利用人工智能和大数据技术，通过整合多维外部数据和交易数据，多维度刻画、验证和还原客户真实的资产负债情况，由决策系统判定能否对客户放款。

（3）生物识别。银行对用户的身份鉴别手段一直在变化，传统的身份鉴别手段包括身份证验证、密码验证、笔迹验证，现在采用的是生物识别方式，包括指纹识别、人脸识别等人工智能技术识别手段。

生物识别是人工智能的前端触手和感官，是人工智能的入口和起始点，解决了对人准确识别的问题。用户不需要记密码来证明自己的身份，他的生物特征（包括人脸、指纹、掌纹、语音、虹膜）就是身份的证明。

当然，单独的生物识别存在安全性较低的问题，可以采用多种身份识别组合应用的方式，如人脸识别、密码验证、笔迹验证的组合，或者其他组合，从而提高安全性，降低风险。

（4）无人银行。2018年4月11日，中国建设银行宣布国内第一家无人银行在上海正式开业，如图5-1所示。

图 5-1　无人银行中的智能机器人客服

其实，无人银行就是一个全套人工智能机器系统。

无人银行没有保安，取而代之的是用人脸识别的闸门和敏锐的摄像头；无人银行没有大堂经理，取而代之的是萌萌的机器人，跟客户问好并指导客户办理业务；无人银行没有银行柜员，取而代之的是柜员机，而且效率更高；ATM 机也有人工智能，办理业务时可以进行人机对话和人脸识别操作。

无人银行连接了银行各个服务环节，并通过互联网技术拓宽服务领域，从而实现了整个网点的无人化，办理业务全智能化。

3. 人工智能在金融行业应用的缺陷

第一，隐私及财产信息可能会被盗。人工智能在金融领域中的应用令不少人感到担心，因为不法分子可能会运用人工智能获取隐私及金融数据。科学家认为，科技是中立的，但人类有选择。人工智能技术可能会被不法分子用来谋取利益。所以需要加强监督，同时用户也需要提高风险识别能力。

第二，颠覆行业的危险。人工智能未来究竟是金融行业的助手，还是行业的颠覆者？人工智能的大规模应用必将取代人类的很多工作，是否会因此导致社会不稳定？这些也是很多人担心的问题。

第三，现在处于弱人工智能时代。由于技术和应用并不成熟，弱人工智能时代给投资者的感觉是"亏损比赚钱的时候多"。很多投资人表示，一些智能投顾系统效果并不理想，收益不高，甚至出现亏损。

目前人工智能的发展还处在初级阶段，随着技术的成熟和法律法规的完善，它的应用会越来越普及，上述问题一定能够得到解决，人工智能在金融行业的应用必将达到一个更佳的状态。

5.2　人工智能与会计

会计行业也是一个数字领域，包括数字处理、统计、分析、判断、预测等，而这些都是人工智能所擅长的，所以人工智能的发展将会给会计行业的未来带来很大的影响和改变。

1. 人工智能对会计行业的影响

近年来，随着人工智能技术的迅猛发展，人工智能在会计、审计、税务等行业得到了广泛运用，传统、简单、重复性高的基础会计工作岗位将被人工智能取代，人工智能已成为促进会计行业转型发展的重要推手。

未来的财税服务企业一定是生态企业、互联网企业。社会化、平台化、智能化是财税服务公司的一个显著特征，业务、财务、税务一体化，核算自动化，核算与报税环节将自动完成，普通会计的作用将逐渐弱化。

大批传统会计人员可能会失业。但人工智能取代的是简单重复的低价值会计工作，管理会计不会完全被人工智能取代。相反，这部分工作因需要人的智慧与经验，可能会得到加强。这要求会计人员转型，加强管理会计知识的学习与经验的积累。

随着人工智能的发展，很多标准化、专业化、流程化的工作将被人工智能所取代，更多的会计人员将从机械的工作中解放出来，有更多的精力来关注会计作为管理活动所需要解决的问题，逐步参与业务管理层面、数据管理层面乃至战略管理层面的管理决策活动。

2. 人工智能在会计行业的应用

2017 年上市的德勤财务机器人"小勤人"就属于人工智能在会计行业的应用。"小勤人"的全称是"德勤机器人"，属于机器人流程自动化技术，能跨越应用程序，像人类员工一样完成基本任务，几分钟就能完成财务工作者需要几十分钟才能完成的基础工作，而且可以连续 24 小时持续工作。"小勤人"可以将财务工作者从重复的劳动中解放出来。

2018 年 11 月，中财讯（江西）智能科技股份有限公司推出我国首台具有深度学习能力的人工智能财税机器人——"i 财"。"i 财"是在经济业务链之上的人工智能科技产品，具备先进的人机交互功能，用户可通过语音指令完成对机器人的控制，实现人机互动。同时，它拥有大数据处理能力，可以实现数据实时抓取、数据挖掘分析，为企业提供智能化财税服务，创造更高的价值。"i 财"机器人集会计账务处理、财务状况分析、纳税风险评估、疑难问题解答、视频课程学习五大核心功能于一身，可成为财税人员的得力助手。

财务机器人一般包括如下几个部分：

（1）光学字符识别系统：光学字符识别系统硬件部分主要是一台专用的光学字符扫描仪，这台扫描仪可以批量且快速地识别会计单据，相当于财务机器人的眼睛。

（2）机器人流程自动化系统：这一部分的功能就是模拟人自动完成很多财务统计工作，称之为财务机器人的双手。

（3）电子财务记账系统：称之为财务机器人的账簿，整个过程由机器完成。

未来，财务工作者需要将人工智能作为新的工具，保持持续掌握先进技术的学习能力，培养数据思维，判断并解决复杂商业环境中的复杂问题，做更有价值的工作。

5.3　智能客服

1. 智能客服是什么？

客服是一个比较枯燥、乏味的工作，因为围绕某一款产品的问题大都类似，所以用户的提问高度重复，人工客服每天要面对成百上千个重复的问题给出重复的答案，容易疲惫。

人工智能最擅长取代类似的重复性很高的工作。智能客服是出现比较早的一款人工智能软件平台，其是一款基于先进的人工智能开发技术，运用自然语言处理、语义识别、深度学习等技术的人机对话平台，能够实现智能回复和智能营销，有效提升客户的回复率和转化率。

目前，智能客服是人工智能技术商业化最为成熟的领域。比较好的智能客服产品具有精准理解语义的能力、丰富的知识库支持、上下文语境理解能力、多轮交互深度理解能力等，能够维护商品热门标签、自动访问商品链接、精准回复商品信息、自动触发商品卖点、自动抓取物流信息等。

图 5-2 显示的是我们想象中的智能客服机器人。但是做成人形的机器人复杂、昂贵且不实用，而且没有必要，因此对于智能客服，只需要做成一款嵌入在电脑或手机中的软件就可以了。

图 5-2　智能客服机器人

2. 智能客服的具体应用

（1）阿里的"阿里小蜜"。"阿里小蜜"是阿里巴巴集团 2015 年发布的一款人工智能购物助理虚拟机器人，是会员的购物私人助理，让会员专享一对一的客户顾问服务。

"阿里小蜜"凭借阿里在大数据、自然语义分析、机器学习方面的技术积累，精炼几千万条真实、有趣并且实用的语料库（此后每天净增 0.1%），通过理解对话的语境与语义，实现了自然人机交互。

自然人机交互就是让机器学习人的沟通方式，变得更自然，是移动互联网快速成长的基础。但在另外一个层面上，移动互联也需要我们思考和解决如何让机器更加容易理解人的思想和意图。这种人工智能和以前的人工智能概念不同，它更多的是通过云计算、大数据、深度神经网络等技术，让机器逐渐具有一种基于数据相关性而产生的基本智能。

（2）苏宁的"苏小语"。"苏小语"是苏宁推出的智能客服，是一个无线端、多领域、端到端的私人智能助手，依托人工智能和大数据技术，结合用户的个性化需求，提供智能导购及多领域的专享一对一服务，不断提升用户体验及创造新的价值。

除了告诉用户商品信息和反馈外，"苏小语"还拥有庞大的生活知识库，可以提供趣味互动，包括查询天气、充值话费、视频点播和商旅服务。也就是说，在购物之余，"苏小语"已经能够胜任用户的生活助手。它能够实现文本语音识别、多轮对话、信息收集、情绪监测等功能，甚至偶尔来段笑话。

（3）网易的"七鱼"。2016 年 4 月 14 日，网易"七鱼"正式对外发布，这是一款智能客服机器人。

网易"七鱼"可以支持来自 App、微信等多渠道的信息接入，同时支持图片、表情等多种沟通方式。此外，云客服系统还对接了企业的 CRM（客户关系管理），并且支持多种方式创建工单，方便跨部门协作及问题跟进，还会给企业提供数据报表及分析。

企业可以通过网易"七鱼"的数据报表统计对用户进行分析，不断积累用户信息，从而实现用户画像，给市场或销售作参考。相对于传统客服，网易"七鱼"认为客服并不仅仅是售后服务问题，而是更加重视产品销售前的用户沟通和订单转化问题。

在客服运营上，网易"七鱼"的工单系统可以解决企业内部的工作协作问题，提供超过 17 项数据报表帮助企业实时监控客服现场状态、了解产品问题，方便评估客服绩效，让企业客服从传统烦琐的 Excel 表格中解放出来，提升工作效率。

在服务方式上，网易"七鱼"同样改变了传统客服单纯依靠呼叫中心的模式，将 Web、App、微信公众号、电话等客服渠道统一汇集到在线沟通平台，使客服可以随时随地解答多方的客户咨询。

（4）百度的"百度夜莺"。"百度夜莺"是百度于 2016 年推出的一款智能客服平台，其基于人工智能、大数据、云计算等技术，主要用来降低企业客服成本，提升客服效率，为用户提供更好的客服体验。

自 2016 年以来，"百度夜莺"已成功服务于众多产品线，包括百度糯米、外卖、地图、教育等产品线，由机器人解决 80% 的高频重复性问题。

"百度夜莺"主要功能如下：

1）智能机器人应答：可以实现 7×24 小时全天候服务，大幅降低了人工成本，提高了工作效率和顾客满意度。

2）高效率工作："百度夜莺"可以做到人机无缝衔接、用户问题自动分配、客服分级管理。顾客在提出问题后，可以得到秒回。

3）数据可视化：有大数据技术做支撑，系统能够实时对数据进行监控、及时发现热点问题、及时监控服务质量。

4）多渠道汇聚：多个端口数据信息汇集一处进行一站式处理，包括 Web 端、手机端、邮件、微博、微信等。

5）实时管理：有了人工智能技术的支持，"百度夜莺"能够做到权限责任分明、客服资源合理配置、问题实时调度，实现了实时管理。

6）丰富的沟通方式："百度夜莺"的沟通方式不仅仅包括文字，同时还辅以语音、图片、表情等多种沟通方式，方便与用户进行高效交流。

7）用户意图理解：基于百度最新的人工智能技术，"百度夜莺"具备精准的语义分析和意图理解能力，能像人一样自然地与用户交互，快速解决用户问题。

8）自主学习能力：依托于百度大量的问答数据，"百度夜莺"能够通过机器学习算法进行自主学习，从而不断提高机器人解决问题的能力。

9）语音识别：随着移动设备的普及，用户在咨询时会很自然地通过语音的方式咨询，人工智能技术中的语音识别功能可以自动将语音转换为文本，让用户与机器人/客服轻松自然地进行交互。

上面这几款人工智能客服都是国内知名的互联网平台开发出来的，其实还有很多互联网公司开发出了很多种类型的智能客服，这些智能客服产品的价格区间很大，可按需求适用于大中小型企业。在人工智能商业应用领域，国内企业一直都走在世界前列，开发出了各种功能极其丰富的智能客服。

3. 智能客服的缺点

智能客服在洞察人性上仍然存在挑战，缺少灵活的随机应变能力，距离进化为有温度的代言人还有一定的距离，所以目前市场上还是人机互助与共存的模式。

5.4 智慧物流

最近二十年，随着电商的迅猛发展，物流行业也随之发展壮大。人工智能技术对物流行业有哪些影响呢？

1. 智慧物流的概念

物流的环节包括物体的运输、仓储、包装、搬运装卸、流通加工、配送及相关的物流信息更新等。传统物流有较保守的生产线、较正规的运输线，各个环节都需要有人工值守的仓库，彼此之间相对独立而封闭，耗费了大量不必要的人力、物力、财力、时间，成本巨大、效率低下。智慧物流是指通过智能硬件、人工智能技术、物联网、大数据等智慧化技术与手段，提高物流系统分析决策和智能执行的能力，提升整个物流系统的智能化、自动化水平。智慧物流应用场景如图 5-3 所示。

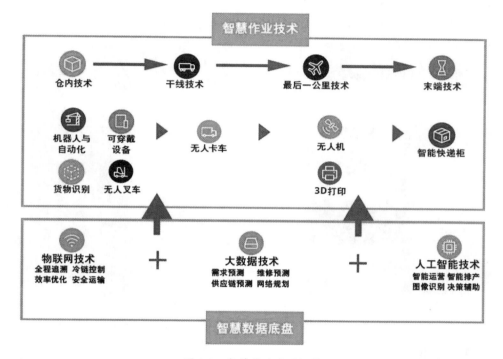

图 5-3 智慧物流应用场景

应用人工智能，通过图像识别可以对包裹进行分类识别摆放，减少人工操作，采用人机协助模式可大大提升工作效率、节省时间成本。利用人工智能，可以自动识别货品的大小，然后自动包装。运用机器视觉、AR/VR、电子标签、智能拣选等先进技术和设备构建工厂级的物流拣选体系，可以实现对物体的检测和识别，从而实现精密测量、产品或材料缺陷检测、目标捕捉、图像识别、抓取物体等，提高作业效率。

无人仓库通过数据对物品进行分类定位，用机器人图像识别对物品进行分拣、包装，实现仓库的全智能化。在运输途中，包裹有可能会损坏，通过人工智能对货运载车进行实时跟踪，第一时间对损害物件采取有效修复及防护措施。

2. 智慧物流中的人工智能应用

（1）仓储机器人 Bee Robot。Bee Robot，如图 5-4 所示，是哈工大机器人集团研发的物流机器人，能有效降低仓库工人的工作强度和错单率，同时提高拣货效率，其可替换式的载货托盘适用多种形状的货品，方便工人对其进行部署移动，避免了工人为一个订单满仓库跑的尴尬局面。

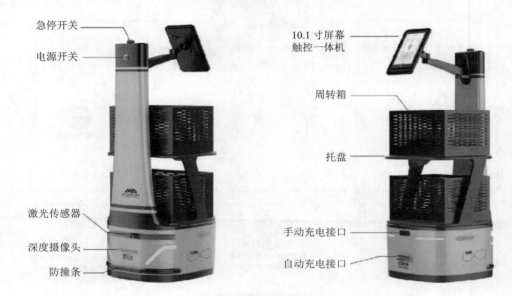

图 5-4　仓储机器人 Bee Robot

Bee Robot 的特点如下。

1）人机协作。Bee Robot 可代替拣货人员工作中的频繁走动，按照指令背载货物来到拣货员身边，协助他们完成拣货工作，降低工作强度，提高生产效率。

2）自主规划路线。基于全球最领先的 SLAM（同步定位与建图）技术，Bee Robot 会自主规划最优路径，在行走过程中避开工作人员、机器同伴等障碍，可以智能切换，重新规划路线，如图 5-5 所示。

3）智能找货。拥有与仓储管理系统（Warehouse Management System，WMS）连接的功能，实现了库存商品的智能管理，准确找货、拣货、补货、退货。

4）多台机器协同工作。Bee Robot 采用具有自主发明专利的多机器人调度系统，保证灵活调度，实现多台机器人协同合作。在对机器人进行交通管制的同时，智能调度系统会根据任务量控制机器人数量。

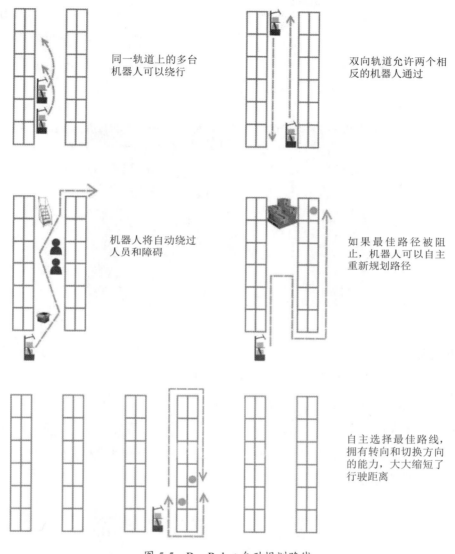

同一轨道上的多台机器人可以绕行

双向轨道允许两个相反的机器人通过

机器人将自动绕过人员和障碍

如果最佳路径被阻止，机器人可以自主重新规划路径

自主选择最佳路线，拥有转向和切换方向的能力，大大缩短了行驶距离

图 5-5　Bee Robot 自动规划路线

5）自动充电。Bee Robot 支持 8 小时无间断运行，在低电量时可智能寻找充电桩自动充电，充电时间小于 2 小时。

6）灵活部署和撤出。电商仓库用工存在明显的季节性特征，旺季到来前，业主必须在 9 月、10 月招聘大量的仓库工人，为了控制成本，又不得不在三四月份的淡季将工人解散。招聘、用工、培训，都给仓库业主带来了巨大的困难和支出。Bee Robot 拣货系统凭借部署和撤出的灵活性，能够解决这一运营难题。

（2）京东的无人仓。2017 年 10 月，全球首个正式落成并规模化投入使用的全流程无人的物流中心——京东无人仓正式成型。仓房针对入库到分发的不同步骤，应用了多种不同功能和特性的机器人，其自动化、智能化设备覆盖率达到100%，大大提高了工作效率，如图 5-6 所示。

图 5-6　京东的无人仓

无人仓的使用大大缓解了货物的堆积压力，全面提高了配送满意度。由京东自主研发、自主集合而成的无人仓技术水平已经达到了世界前列，代表中国智慧物流正引领世界物流的潮流和趋势。

（3）无人机物流。无人驾驶飞机简称"无人机"，英文缩写为 UAV，是利用无线电遥控设备和自备的程序控制装置操纵，或者由车载计算机完全或间歇地自主操作的不载人飞机，如图 5-7 所示。

图 5-7　京东无人机配送

无人机物流是由车载计算机来控制和操作，主要使用无人机的技术方案，为实现实体物品从供应地向接收地流通而进行的规划、实施和控制的过程。通俗地说，就是以无人机为主要的工具开展物流活动，或者是物流活动中借助无人机完成关键性的任务。

无人机物流可细分为支线无人机运输、无人机快递（末端配送）、无人机救援（应急物流）、无人机仓储管理（盘点、巡检等）等类别，其中支线无人机运输和无人机末端配送为无人机物流的主要形式。

无人机运输相比于地面运输具有方便高效、节约土地资源和基础设施的优点。在一些交通瘫痪路段、城市的拥堵区域以及一些偏远的区域，由于地面交通无法畅行，导致物品或包裹的投递比正常情况下耗时更长或成本更高。通过合理利用闲置的低空资源，能有效减轻地面交通的负担，还能节约资源和建设成本。需要说明的是，经济合理的物流方式需要结合实际情况综合发挥各种工具的优势实现高质量的发展。无人机物流优势分析见表 5-1。

表 5-1　无人机物流优势分析

优势	应用场景	评估	代表企业
低成本配送	乡地地区、电商配送	成本节省 60% ～ 70%	京东、亚马逊等
低成本支线运输	四五线城市货运	和有人飞机比，在机组人员、造价和配套设施等方面成本低	朗星、顺丰、帆美等
支线运输机动灵活	四五线城市货运	和有人飞机比，减少了机组人员和配套设施等方面的制约	朗星、顺丰、帆美等
配送高效	配送和综合物流系统	极速送达，30 分钟内	亚马逊
盘点检视高效	货栈堆场	快捷、节省人力	
送货可达性	偏远地区、特殊地点	弥补地面交通的不足；比有人飞机更灵活	DHL、顺丰和京东等
配送增值服务	高价值、高时效、新形态	创造新需求	

（4）智能物流站。智能物流站基于大数据、云计算、物联网和视觉识别等技术，实现与无人机、无人车和自动提货机的无缝对接，作为管理和连接无人机、无人车和自动提货机的手段与桥梁，为社会创造更加智能、更加便捷的物流环境，如图 5-8 所示。

图 5-8 智能物流站

5.5 智慧旅游

1. 人工智能和旅游

旅游市场正因人工智能而发生"智变"，人工智能将极大地改变以人力投入和客户服务为核心的全球旅游产业的运行模式。

首先，人工智能将大大提升旅游业的运行效率和服务质量。传统旅游业中，大量的人力劳动将被人工智能取代，从而减少重复作业，缩减人工成本。人工智能强大的数据处理能力将大大提升服务效率，改善顾客体验。

其次，人力密集型的旅游业的运行模式将面临极大的改变。很多旅游企业都在布局人工智能的全新运行系统，基于大数据的客户服务将为客户提供精确的服务，员工将更多地借助人工智能提升效率和服务质量。但是人工智能并不会彻底取代员工，而是帮助员工提供更为复杂和高质量的面对面服务，提升顾客旅游体验。

2. 人工智能在旅游市场的具体应用

（1）智能导览系统。智能导览系统建立在无线通信、全球定位、移动互联网、物联网等技术基础之上，将景区导览电子化、智能化。该系统具有全程真人自动语音讲解，全面覆盖景区全景及景区附近，能够快速提供线路规划，准确查询景区附近的吃、住、游、购信息及景区内的公共设施等信息，让游客获得全面、丰富的导游导览服务，实现"把导游装进手机里"，让手机成为景区内的活地图。智能导览系统的实景显示如图 5-9 所示。

图 5-9　智能导览系统的实景显示

　　智能导览系统能够根据景区实际情况，推荐默认游览路线，并实时显示当前定位。游客可实时收到由景区信息中心发出的广告或宣传推送信息，基于位置的吃、住、游、文创、营销活动推荐，从而实现精准营销，提升游客旅游的自主性体验，降低景区用人成本。游客可根据需要，跳转到景区 VR 导览系统，体验 VR 导览系统带来的乐趣。

当游客在景区内时，可以根据 GPS 信息，在导览地图中确定自己的位置。当 GPS 信号不好时，也可以根据地图匹配算法及基站定位方法进行位置纠偏，保障定位精度。游客如果想去某个特别的景点游览，可以把该景点设置为目的地，系统会进行线路计算，并在导览地图上显示规划的线路，引导游客以最佳的方式到达目的景点。

智能导览系统能够展现最详尽的景点信息，包括文字介绍，一个或多个照片、音频、视频。在每个景点详情中，都包括照片列表、音频列表、视频列表。通过文字信息详细介绍景点，包括历史、典故、现状等。通过照片形象生动地将景区展现给游客，每个景点都有一张低分辨率的照片和多张高分辨率的照片，不会因为景点照片太多、太大影响游客快速浏览时的体验，也不会因为照片不清晰影响游客对景点的印象。游客自己旅游通常没有导游帮忙讲解，通过智能电子导游的语音功能可以解决这问题。通过智能电子导游，游客不仅能手动选取要讲解的景点，还能通过当前的位置配合图片和文字自动讲解所在的景点。

系统界面支持多语种选择，适用于国内外游客。

（2）旅游行业的机器人客服。机器人客服帮助客户处理酒店预订、机票预订、退改签等"入门问题"，目的在于提升客服效率。

对旅游公司来说，出色的客服机器人可通过实现任务自动化并减少呼叫中心坐席来降低成本。在日常业务情景中，机器人可轻松处理预订更改，帮助航空公司或旅行社处理大部分呼叫。发生航班延误时，客服机器人可主动为乘客选择最早的下一班航班的座位，并自动处理预订，无须任何人工的介入。此外，通过结合环境（位置、时间、语言）和个人信息（年龄和兴趣），客服机器人还能够为客户推送产品，让产品和顾客精准匹配。未来，旅行者都将借助客服机器人来获得理想、无忧的旅行体验。

这里所面临的挑战是，不仅要确保计算机能够理解人类语言的意思，而且还要确保它能够实时解释和评估谈话语境以确保对话的相关性。

一些酒店、景区开始引入客服机器人，提供相关信息查询、预约等服务，以提升服务效率和用户体验。

（3）人脸识别票务。景区人脸识别闸机自动验证系统可以帮助游客智能验票，提高景区验票效率，让游客更加方便快捷地进入景区。游客先在网上预约购票，成功后，携带本人身份证件在景点门口的人脸识别闸机上刷脸认证，大概率可在 1 秒内验证通过，闸机开闸，游客即可进入景区。这样的识别方式可以有效地防止"黄牛票"甚至是假票，也可杜绝工作人员徇私、私藏门票费用等现象发生。在进行快速便捷的景区验票时，也确保了景区运营者的利益。人脸识别闸机如图 5-10 所示。

图 5-10　人脸识别闸机

（4）智能行程规划。基于游客的信息、目的地、时间等数据，利用算法帮助游客推荐合理的旅行路线，常见于马蜂窝、携程等平台。

2015 年，阿里巴巴推出了一个叫"阿里小蜜"的智能助手，旅游出行服务平台"飞猪"使用它来帮助人们执行广泛的任务，包括预订航班及酒店。"阿里小蜜"可使用大数据如过去的购买记录及在阿里巴巴平台中其他用户的行为来分析用户的偏好，并对用户作出响应。

（5）智慧停车系统。旅游景点附近的停车场往往出现找停车位难、找车难的情况。智慧停车就是指将无线通信技术、移动终端技术、GPS 定位技术、GIS 技术等综合应用于停车位的采集、管理、查询、预订与导航服务，实现停车位的实时更新、查询、预订与导航服务一体化，实现停车位资源利用率的最大化、停车场利润的最大化和车主停车服务的最优化。

智慧停车系统的"智慧"体现在"智能找车位＋自动缴停车费"，服务于车主的日常停车、错时停车、车位租赁、汽车后市场服务、反向寻车、停车位导航等。

线下智慧化体现为让车主更好地停入车位。一是快速通行，避免过去停车场靠人管、收费不透明、进出耗时较长的问题；二是提供特殊停车位，例如宽大车型停车位、新手司机停车位、充电桩停车位等多样化、个性化的消费升级服务；三是同样空间内停入更多的车。

（6）虚拟现实（VR）。在旅游市场上，VR技术可以模拟和提升游客体验（图5-11）。通过VR技术，游客不仅能看到景区的各个细节，还能看到不对外开放或不定期开放的旅游资源，获得更加深入的景点讲解和多方位展示，人们可以在虚拟环境中游览旅游目的地，尤其是一些特效技术的使用可以提高游客对旅游目的地的认识，提供真实环境无法提供的强烈感受和丰富体验。

图 5-11　VR 眼镜体验虚拟现实

"VR＋旅游"产品能够有效地帮助游客进行旅游决策，实现了"购买前先体验"这一功能，营造出身临其境的感觉。例如，阿里旅行、途牛网把VR技术引入在线选房，用户在预订时可更直观全面地了解酒店信息。一些旅行社也推出了VR旅游体验，如出行前的目的地虚拟体验、VR的游乐项目、旅游目的地VR辅助的景观重现、VR还原的特殊线路和视角等，为游客出游前的线路选择提供了一个更直观的途径。VR 技术带给游客沉浸式的预先体验，更能击中游客的兴奋点，转化为旅游行动，刺激潜在游客购买旅游服务。

VR 技术还可以提升旅行体验分享水平。例如，万豪集团在其几个酒店应用 VR 技术让顾客分享旅行体验，顾客戴上 VR 头套就可以通过 3D 形式 360 度身临其境地分享其他旅客的旅行记录和观看评价。

旅游行业是 VR 技术未来最主要的应用行业之一。推动 VR 技术在全球旅游行业的应用有三个主要因素：激烈的市场竞争、顾客期望值的提高及营销策略的优化。"VR+ 旅游"作为一种前沿技术，改变了人们走出家门看世界的传统模式，通过 VR 设备就可以观赏世界，为做出旅游决定提供助力。VR 技术在酒店行业的投入，更是成为酒店相互竞争的新筹码。

习 题

1．下列说法错误的是 _____。
   A．人工智能理财顾问比人类顾问更精准，因为它有强大的数据分析技术作为支撑
   B．人工智能最好的应用领域之一是金融领域，因为金融领域是纯数字领域
   C．生物识别技术的安全性非常高，所以未来将全面应用在金融领域
   D．随着人工智能技术在金融领域的应用，部分岗位的人员可能面临失业的风险

2．下面说法错误的是 _____。
   A．智能客服的核心技术是自然语言处理技术
   B．智能客服必须做成人形机器人的外观，这样容易被用户接受
   C．在很多线上商店，智能客服应用很广
   D．智能客服需要具备一定的学习能力

3．说一说人工智能技术在旅游行业的发展前景及对行业的影响。

人工智能在视觉领域的应用

第 6 章

人工智能 + 视觉

视觉是人体获得信息最多的感官来源。有实验证实，视觉获得的信息占人类获得的全部信息的 83%。因此，计算机视觉一直是各大研究机构和企业争相研究的热点，也是人工智能领域研究历史最长、技术积累最多的方向。

人工智能在视觉领域的应用研究主要有人脸识别、物体识别、医学影像识别、智能安防等。

6.1　人脸识别

随着人工智能技术的发展，"刷脸"逐渐成为新时期生物识别技术应用的主要领域。生物识别技术包括人脸识别、指纹识别、虹膜识别等。人脸识别有着诸多优势，因为人脸具有一定的不变性和唯一性，而且人脸图像还能提供一个人的性别、年龄、种族等信息，如图 6-1 所示。

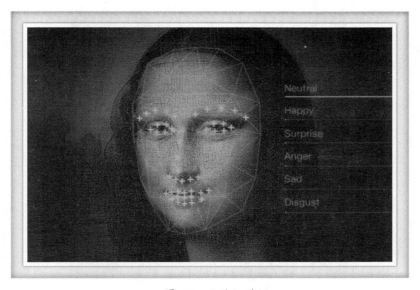

图 6-1　人脸识别

人脸识别技术经历了可见光图像人脸识别、三维图像人脸识别 / 热成像人脸识别、基于主动近红外图像的多光源人脸识别三个进化过程，逐渐缓解和解决了光线等环境的变化对人脸识别的影响，加之算法的不断精准演化，如今人脸识别技术已广泛用于电子商务、银行、金融、社会福利保障、交通、工厂、教育、医疗等领域。随着技术的进一步成熟和社会认同度的提高，人脸识别技术将应用在更多的领域。

1. 人脸识别应用领域

（1）铁路安防系统。随着技术的进步和人员组织的不断复杂化，铁路安全不断面临新的挑战。火车票实名制有效阻止了不法分子进入车站，但是，目前铁路客运基本还是靠安检员来检查票、证、人是否一致，而证件照片往往是多年前的照片，安检员很难辨认。而人脸识别技术准确度高、便捷性好，运用于铁路安防系统将极大地提高铁路系统的安全性，强化通关保障（图6-2）。另外，人脸识别技术还能助力强化追溯，支持在超大的人像库中定位查找对象，这将有力协助公安部门侦破案件，或抓捕在逃案犯（图6-3）。

图 6-2　刷脸进站

图 6-3　识别罪犯

（2）教育领域。从中考、高考等升学考试，到执业资格、晋级升职等考试，均有不同程度的替考现象存在，而利用人脸识别技术将证件照片特征和实时人脸特征进行比对识别，辨别考生身份，可防止替考现象的发生（图6-4）。人脸识别技术还可应用于校园，有效地做到当有可疑人员进入校园进行报警（图6-5）。

图6-4　考务通识别考生身份

图6-5　智慧校园刷脸门禁系统

（3）社区管理系统。在城市最小的单元社区中，通过非配合式人脸识别，可以帮助物业管理部门在访客管理、物业通知（水电费、车库信息等通知）等方面为业主提供更加友好自然的生活体验。人脸识别智能门禁系统通过构建具有智能化管理功能的身份识别系统，结合先进的人脸识别算法，能精确、快速地识别人脸并打开门禁，提高了楼宇、家庭的安全性。

人脸识别技术并没有局限在考勤、门禁的简单应用中，凭借人脸的唯一匹配性及安全优势，人脸识别技术受到高安全性环境应用领域的青睐，如自助实名认证、自助远程开户、办税认证系统、驾驶学员的身份信息认证和安全驾驶管理系统等。

2. 人脸识别一般步骤

（1）图像采集和检测。不同的人脸图像都能通过摄像镜头采集下来，例如静态图像、动态图像，不同位置、不同表情的图像都可以得到很好的采集。当用户在采集设备的拍摄范围内时，采集设备会自动搜索并拍摄用户的人脸图像。人脸图像采集一般都是需要同一个人的多张人脸图片，可以有不同的表情、不同的装饰，男士可以同时采集有胡子和没有胡子的图像。背景越复杂，识别难度越大。

人脸检测在实际中主要用于人脸识别的预处理，即在图像中准确标出人脸的位置和大小。人脸图像中包含的模式特征十分丰富，如直方图特征、颜色特征、模板特征、结构特征及 Haar 特征（一种反映图像的灰度变化的，像素分模块求差值的特征）等。人脸检测就是把其中有用的信息挑出来，并利用这些特征实现人脸识别。

（2）图像预处理。对人脸图像的预处理是基于人脸检测结果，对图像进行处理并最终服务于特征提取的过程。系统获取的原始图像由于受到各种条件的限制和随机干扰，往往不能直接使用，必须在图像处理的早期阶段对它进行灰度校正、噪声过滤等预处理。对于人脸图像而言，其预处理过程主要包括人脸图像的光线补偿、灰度变换、直方图均衡化、归一化、几何校正、滤波及锐化等。简单来说，就是把所拍摄的图像进行细致化的处理，并将检测到的人脸分割成一定大小的图片，便于识别和处理。

（3）特征提取。人脸识别系统可使用的特征通常分为视觉特征、像素统计特征、人脸图像变换系数特征、人脸图像代数特征等。人脸特征提取就是针对人脸的某些特征进行的。人脸特征提取的方法归纳起来可分为两大类：一类是基于知识的表征方法；另外一类是基于代数特征或统计学习的表征方法。基于知识的表征方法主要是根据人脸器官（如眼睛、鼻子、嘴、下巴等）的形状描述及它们之间的距离特性来获得有助于人脸分类的特征数据，其特征分量通常包括特征点间的欧氏距离、曲率和角度等。

（4）降维。降维是人脸识别中重要的步骤。不同的特征表达方法与维数大小会直接影响人脸识别识别率的高低。通常，在同样的特征表达方式下，维数越高，其识别率也将越高。但是特征提取的维数也直接影响人脸识别系统的实时性。维数越高，其识别时间会越长，实时性会越低，目前广泛使用的降维算法有 PCA 算法等。

（5）特征匹配。将提取的人脸图像的特征数据与数据库中存储的特征模板进行搜索匹配，通过设定一个阈值，当相似度超过这一阈值时，则把匹配得到的结果输出。人脸识别就是将待识别的人脸特征与已得到的人脸特征模板进行比较，根据相似程度对人脸的身份信息进行判断。这一过程又分为两类：一类是确认，是一对一进行图像比较的过程；另一类是辨认，是一对多进行图像匹配对比的过程。

3. 人脸识别基本技术

（1）人脸检测。人脸检测是检测出图像中人脸所在位置的一项技术，如图 6-6 所示。

图 6-6 人脸检测结果举例

人脸检测算法的输入是一张图片，输出是人脸框坐标序列（0 个人脸框或 1 个人脸框或多个人脸框）。一般情况下，输出的人脸坐标框为一个正朝上的正方形（绿色框为人脸检测结果），但也有一些人脸检测技术输出的是正朝上的矩形，或者是带旋转方向的矩形。

常见的人脸检测算法基本是一个扫描加判别的过程，即算法在图像范围内扫描，再逐个判定候选区域是否是人脸的过程。因此，人脸检测算法的计算速度会与图像尺寸、图像内容有关。

（2）人脸配准。人脸配准是定位出人脸上五官关键点坐标的一项技术，如图6-7 所示。

图 6-7　人脸配准结果举例

人脸配准算法的输入是一张人脸图片加人脸坐标框，输出是五官关键点的坐标序列。五官关键点的数量是预先设定好的一个固定数值，可以根据不同的语义来定义（常见的有 5 点、68 点、90 点等）。

当前效果较好的一些人脸配准技术基本通过深度学习框架实现，这些方法都是基于人脸检测的坐标框，按某种事先设定的规则将人脸区域抠取出来，缩放到固定尺寸，然后进行关键点位置的计算。

（3）人脸属性识别。人脸属性识别是识别出人脸的性别、年龄、姿态、表情等属性值的一项技术，如图 6-8 所示。

图 6-8　人脸属性识别举例

一般的人脸属性识别算法的输入是一张人脸图和人脸五官关键点坐标，输出是人脸相应的属性值（如性别、年龄、表情等）。人脸属性识别算法一般会根据人脸五官关键点坐标将人脸对齐（经过旋转、缩放、抠取等操作后，将人脸调整到预定的大小和形态），然后进行属性分析。它是一类算法的统称，包括性别识别、年龄估计、姿态估计、表情识别等。当然，随着深度学习算法的应用，人脸属性识别也开始具有同时输出性别、年龄、姿态等属性值的能力。

（4）人脸特征提取。人脸特征提取是将一张人脸图像转化为一串固定长度的数值的过程，这个数值串被称为人脸特征，能够表征一个人的人脸特点，如图 6-9 所示。

图 6-9　人脸特征提取过程

人脸特征提取过程的输入是一张人脸图和人脸五官关键点坐标，输出是对应的一个数值串（特征）。人脸特征提取算法会根据人脸五官关键点坐标将人脸对齐预定模式，然后计算特征。

近年来，深度学习方法基本统治了人脸特征提取算法。早期的人脸特征提取模型都较大，速度慢，仅使用于后台服务。但现在也可以实现在基本保证算法效果的前提下，将模型大小和运算速度优化到移动端可用的状态。

（5）人脸比对。人脸比对是衡量两个人脸之间相似度的算法，如图 6-10 所示。

该算法的输入是两个人脸特征，由前面的人脸特征提取算法获得，输出是两个特征之间的相似度。人脸验证、人脸识别、人脸检索都是建立在人脸比对的基础上，加一些算法策略来实现的。

基于人脸比对可衍生出人脸验证、人脸识别、人脸检索、人脸聚类等算法。接下来对人脸验证，人脸识别进行简要介绍。

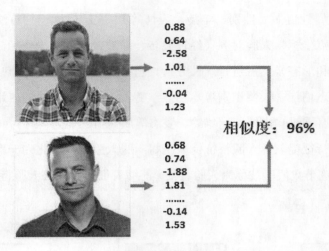

图 6-10　人脸比对过程

　　人脸验证是判定两张人脸图是否为同一人的算法。它的输入是两个人脸特征，通过人脸比对获得两个特征的相似度，并与预设的阈值进行比较，相似度大于阈值，则为同一人；小于阈值则为不同的人，如图 6-11 所示。

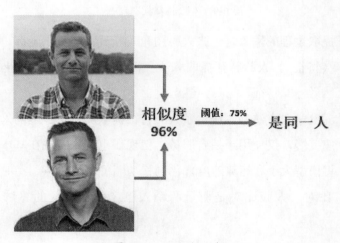

图 6-11　人脸验证过程

　　人脸识别是识别出输入人脸图对应身份的算法。它的输入是一个人脸特征，通过与注册在库中的 N 个身份对应的特征进行逐个比对，找出一个与输入特征相似度最高的特征。将这个最高相似度值和预设的阈值进行比较，如果大于阈值，则返回该特征对应的身份；反之，返回"不在库中"，如图 6-12 所示。

图6-12 人脸识别过程

随着人脸识别技术的广泛应用，个人生物识别信息的保护和安全显得越来越重要。"国内人脸识别第一案"就是浙江理工大学特聘副教授郭兵起诉杭州野生动物世界有限公司，原因是该公司将年卡系统从"指纹入园"升级为"人脸识别入园"，收集他的面部特征。因为该类信息属于个人敏感信息，一旦泄露、非法提供或者滥用，将极易危害消费者人身和财产安全。这个事件引起了大众对于个人隐私权的重视，也引起了人们对于相关技术法律监管的思考。哪些领域可以运用人脸识别、哪些不能运用，如何保障公众的知情权、选择权、同意权以及信息安全，若有信息泄露该如何惩处与应对。就此很多人呼吁国家相关部门应组织专家学者，审视科技伦理，对人脸识别技术在现实运用中的安全隐患、隐私风险等予以评估，建立行业标准和国家标准；探讨相应监管制度甚至立法，规范人脸识别的信息采集与运用程序、隐私边界。

6.2 物体识别

物体识别是计算机视觉的一个研究方向，也是当前比较热门的研究领域。在人们的需求不断增加的今天，物体识别正在安全、科技、经济方面发挥举足轻重的作用，安防领域和交通监管部门也对物体识别提出了迫切的要求。所以，研究物体识别对社会的未来有非常重要的意义。

在计算机视觉领域，一个典型的物体识别系统往往包含预处理、特征提取、特征选择、建模、匹配、定位等部分。

1. 物体识别的任务

如何从图像中解析出可供计算机理解的信息，是机器视觉的核心问题。深度学习模型因其强大的表示能力，加上数据量的积累和计算力的进步，成为机器视觉的热点研究方向。那么，如何理解一张图片呢？根据任务的需要，识别任务主要分为三个层次：分类、检测、分割（图 6-13）。

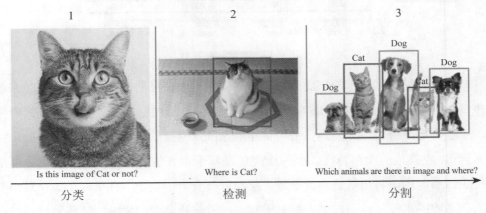

图 6-13　识别任务层次

（1）分类。图像分类是将图像结构化为某一类别的信息，用事先确定好的类别或实例 ID 来描述图片。它是图像理解任务中最简单、最基础，也是深度学习模型最先取得突破和实现大规模应用的任务。其中，ImageNet 是最权威的评测集，每年的 ILSVRC（ImageNet Large Scale Visual Recognition Challenge，大规模视觉识别挑战赛）催生了大量的优秀深度网络结构，为其他任务提供了基础。近年来，分类模型的表现已经超越了人类，图像分类问题已基本解决。物体识别中的分类任务如图 6-14 所示。

（2）检测。检测关注特定的物体目标，从图像中同时获得类别信息和位置信息，把物体检测出来。分类任务只关心整体，给出整张图片的内容描述，而检测给出的是对图片前景和背景的理解。需要从背景中分离出感兴趣的目标，并确定这一目标的描述（类别和位置）。图像目标检测的任务是用一个矩形框框出图上的物体，并对其进行分类。从任务难度上看，图像检测比图像分类增加了一个定位的功能，即需要找到图上所有目标的位置，然后进行图像分类的处理。因此，检测模型的输出是一个列表，常用矩形检测框的坐标表示，列表的每一项使用一个数组给出检出目标的类别和位置。物体识别中的检测任务如图 6-15 所示。

图 6-14　物体识别中的分类任务

图 6-15　物体识别中的检测任务

（3）分割。分割包括语义分割和实例分割，前者是对前景、背景分离的拓展，要求分离开具有不同语义的图像部分；而后者是检测任务的拓展，要求描述出目标的轮廓（比检测框更为精细）。分割是对图像的像素级描述，赋予每个像素类别（实例）意义，适用于理解要求较高的场景，如无人驾驶中对道路和非道路的分割。物体识别中的分割任务如图 6-16 所示。

图 6-16　物体识别中的分割任务

2. 目标检测的算法

目标检测的基本思路是同时解决定位（Localization）和识别（Recognition）。多任务学习带有两个输出分支：一个分支用于做图像分类，即全连接 +Softmax 逻辑回归判断目标类别；另一个分支用于判断目标位置，即完成回归任务输出四个数字标记包围盒位置，自然环境下街景识别如图 6-17 所示。

图 6-17　自然环境下街景识别

目前，目标检测领域的深度学习方法主要分为两类：两阶段（Two Stages）目标检测算法和一阶段（One Stage）目标检测算法。

（1）两阶段目标检测算法：首先由算法生成一系列作为样本的候选框，再通过卷积神经网络进行样本分类。常见的算法有 R-CNN、Fast R-CNN、Faster R-CNN 等。

（2）一阶段目标检测算法：不需要产生候选框，直接将目标框定位的问题转化为回归问题处理。常见的算法有 YOLO、SSD 等。

3. 影响目标检测识别的因素

第一种因素是比较常见的基于图像本身的因素，例如光照、形变、尺度、模糊等。

第二种因素是类内差异太大，例如椅子、桌子，虽然都叫椅子、桌子，但是形态各异。

第三种因素是类间差异太小，最常见的就是细粒度分类。

6.3　医学影像识别

在美国，有这样一个深度学习的故事。一个人工智能工程师带着自己的父亲去看病，医生诊断出他父亲是癌症的第四期，医生直接让他父亲进行化疗，大概一两个礼拜之后，他父亲掉了很多头发，人也觉得很辛苦。后来，他正好有一个朋友是医生，为他爸爸做了第二次诊断，发现上一个医生的诊断是错误的，其实他父亲只在癌症的第一期。而癌症第一期不需要化疗，只通过药物就可以控制。这位人工智能工程师下定决心，要将人工智能技术用在医疗领域，去解决一些由于医生的失误而导致的医疗问题。

1. 智能医疗影像诊断

医学是人工智能最早引入的领域之一。目前，人工智能已经在医学影像、医院管理、诊疗技术、健康管理、药物挖掘等医疗产业链有所涉及，人工智能技术融合医疗逐渐显示出巨大的价值。西门子、飞利浦、联影、腾讯、科大讯飞等科技企业纷纷以医疗影像为突破口布局人工智能。

医学影像诊断是指医生通过非侵入式的方式取得人体内部组织的影像数据，再以定量和定性的方式进行疾病诊断。临床上，医学影像与常规疾病检查方法结合，逐渐成为医生做出医学诊断的重要依据。在此过程中，医学影像数据的解读成为临床诊断中一项繁重且具有挑战性的重要工作。

目前，医学影像数据中的信息仍然依靠知识全面、技术过硬的影像医生解读，需要影像医生和临床医生的紧密配合，并且具有以下四个方面缺陷。

（1）诊断结果易受医生认知能力限制和主观因素干扰，造成数据资源浪费。

（2）在影像数据的解读过程中，随着医生疲劳程度的增加，极易发生误诊、漏诊的情况。

（3）现代医学影像数据结构复杂，具有多样性，医生在提供个性化的精准诊疗方案等方面遇到了巨大挑战。

（4）多模态结合的影像大数据中潜藏着常规手段难以识别的深度信息。

由此可见，人工影像解读的方式已经难以为诊断提供足够信息。

人工智能技术由机器学习、计算机视觉等组成，目的是生产出类似于人类的智慧机器，在近些年被高度关注。针对人工影像解读存在的问题，研究人员将人工智能技术应用到医学影像诊断中，期望协助或替代医生进行疾病诊断。目前，应用人工智能技术（特别是深度学习）实现医学影像自动分析及辅助医生进行医学诊断的研究已经获得大量成果。

在加快人工智能医学影像落地上还有两个困境亟待解决。一个是数据困境，人工智能在医学影像上能够有极高的正确率，离不开大量医学影像数据的"投喂"。目前，受医学影像数据来源限制，各医院间影像数据不共享，且数据标注专业性强，质量要求高。二是人才困境，人工智能医学影像的应用是人工智能技术与医学领域的交叉应用，人工智能医学影像需要的人才要具有医学和工程双重背景。

2. 医学图像知识

根据成像原理区分，医学影像有数字化 X 线摄影（Digital Radiography, DR）、电子计算机断层扫描（Computed Tomography, CT）、超声成像（Ultrasonic Imaging, UI）、磁共振成像（Magnetic Resonance Imaging, MRI）等。

（1）DR。DR 是新一代的医疗放射产品，与 CR（Computed Radiography, 计算机 X 线摄影）同属下一代替代 X 光机的产品，使用 CCD（Charged-Coupled Device, 电荷耦合元件）成像，放射剂量少，适合在患者较多、使用频繁的医院使用，通过专业显示器进行阅片，无须冲洗胶片，对骨结构、关节软骨及软组织的显示优于传统的 X 线成像。DR 图像如图 6-18 所示。

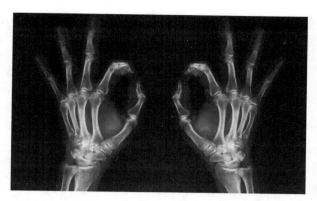

图 6-18　DR 图像

（2）CT。CT 是根据人体不同组织对 X 线的吸收与透过率不同，应用灵敏度极高的仪器对人体进行测量，然后将测量所获取的数据输入电子计算机，由电子计算机对数据进行处理后，就可得到人体被检查部位的断面或立体的图像，发现体内任何部位的细小病变。CT 图像如图 6-19 所示。

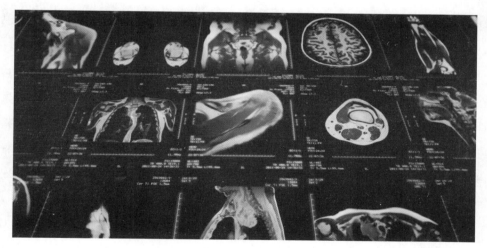

图 6-19　CT 图像

CT 可以更好地显示由软组织构成的器官，如脑、脊髓、纵隔、肺、肝、胆、胰及盆部器官等，对颅内肿瘤、脓肿与肉芽肿、寄生虫病、外伤性血肿与脑损伤、脑梗死与脑出血以及椎管内肿瘤与椎间盘脱出等疾病的诊断效果好。但 CT 设备比较昂贵，检查费用偏高，对某些部位疾病的诊断价值，尤其是定性诊断，还有一定局限，不宜作为常规诊断手段。

（3）UI。超声是超过正常人耳能听到的声波，频率在 20000Hz 以上。超声检查是利用超声的物理特性和人体器官组织在声学性质上的差异，以波形、曲线或图像的形式显示和记录，从而进行疾病诊断的检查方法。超声成像方法常用来判断脏器的位置、大小、形态，确定病灶的范围和物理性质，提供一些腺体组织的解剖图，鉴别胎儿是否正常，在眼科、妇产科及消化科、泌尿科的应用十分广泛。图 6-20 为三维超声成像图。

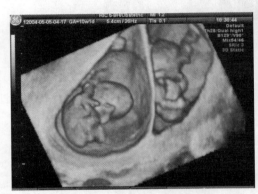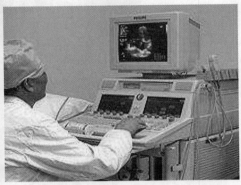

图 6-20 三维超声成像图

（4）MRI。MRI 是一种生物磁自旋成像技术，利用原子核自旋运动的特点，在外加磁场内，经射频脉冲激发后产生信号，用探测器检测并输入计算机，经过计算机处理转换后在屏幕上显示图像。MRI 提供的信息量大于其他成像术，对检测脑内血肿、脑外血肿、脑肿瘤、颅内动脉瘤、动静脉血管畸形、脑缺血、椎管内肿瘤、脊髓空洞症等常见疾病非常有效，同时对腰椎椎间盘突出、原发性肝癌等疾病的诊断也很有效。MRI 图像如图 6-21 所示。

医学图像文件格式主要有 DICOM、Analyze 和 NIfTI 三种。其中，DICOM 指医学数字成像和通信，是医学图像和相关信息的国际标准（ISO 12052），定义了质量能满足临床需要的可用于数据交换的医学图像格式。通常，DICOM 把每一层图像都作为一个独立的文件，对这些文件用数字命名，从而反映对应的图像层数（在不同的系统有一定差异）。文件中包含文件头信息，文件头中包含了大量的元数据信息，包括仪器信息、图像采集参数及患者信息等，必须要特定的软件才能打开使用。

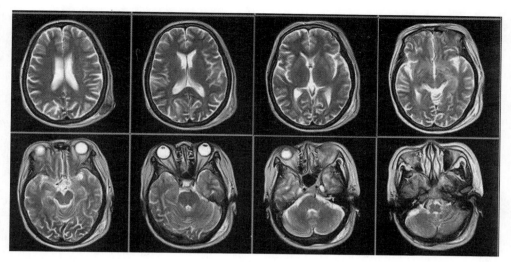

图 6-21　MRI 图像

3. 医学图像中的人工智能应用

人工智能应用在医学影像诊断中，是指利用人工智能技术对医学图像的处理协助或替代影像医生做出医学诊断。人工智能技术对医学图像的处理能力主要包括图像分割、图像特征提取、图像分类和目标检测，应用到的场景有人体结构、病灶区的分割，疾病的早期诊断以及病灶区的检测。从人体结构来看，应用人工智能技术的医学影像诊断研究涉及脑部疾病（如脑血管疾病、精神类疾病）、胸部疾病（如心脏病、肺结节）、颈部疾病（如甲状腺癌）和眼部疾病（如糖尿病性视网膜病）等。

（1）人体结构、病灶区的分割。人体结构及病灶区的分割是临床诊断、检测和治疗规划的基础步骤。人工分割是一项困难的工作，常规的医学图像分割算法主要有边缘检测算法、区域生长算法和基于模型的算法等。由于医学图像分辨率低，而分割区域往往是非刚性的，传统算法需要人为调整参数，不具有普适性。患者间的差异也使得分割过程更加复杂，给重复分割带来巨大困难。因此，发展基于人工智能技术的高精度自动分割算法具有重要意义。

基于机器学习的医学图像分割方法以特征提取和分类器训练为框架，纹理、形状等人工特征是影响分割效果的重要因素。深度神经网络是一种特征自学习方法，可以逐层提取更加抽象的高级特征。其中，卷积神经网络是目前研究最多的结构。比较成功的案例是 Enlitic 开发的基于卷积神经网络的恶性肿瘤检测系统，能对放射科医生检查过的大量医学影像数据进行学习，自动提取出代表恶性肿瘤形状的特征。

（2）疾病的早期诊断。疾病的早期诊断是人工智能在医学影像诊断中较早涉及的方面，即输入完整或局部医学影像，根据影像分类结果判断疾病的严重程度。一些疾病的早期诊断意义重大，例如糖尿病性视网膜病、阿尔茨海默病，早期确诊有助于提早介入治疗，延缓病情发展；前列腺癌的早期确诊可以提高患者生存率。人工读片的方式要求影像医生拥有大量针对不同疾病的专业知识，而传统医学影像分类算法通常基于颜色、纹理和形状等基本特征，这些低级特征不能很好地反映疾病的早期变化。因此，基于人工智能技术的疾病早期诊断成为研究热点。

（3）病灶区的检测。病灶区的检测是为了定位可能发生异常的区域。费时、主观是人工病灶标记的主要缺点。基于人工智能技术的自动检测方法可提高病灶检测效率和可靠性，研究人员已成功将人工智能技术应用到脑微出血、肺结节、淋巴结的检测。

4. 智能医疗影像诊断案例

（1）2019 年 4 月，德国国家肿瘤疾病中心等机构的研究人员开发出一种可用于诊断黑色素瘤的人工智能算法。为验证该算法，他们让来自德国 12 所大学医院的 157 名皮肤科医生与人工智能进行诊断比赛，内容是分析并判断 100 张皮肤图片所示是正常胎记还是黑色素瘤。100 张图片中，有 20 张为确诊患者的黑色素瘤，另外 80 张为良性的胎记。结果显示，157 名医生中只有 7 人的判断比人工智能更准确，14 人和人工智能的准确度相当，136 人没有人工智能准确。

（2）2017 年，腾讯正式宣布开放旗下首款 AI+ 医疗产品——"腾讯觅影"。"腾讯觅影"是腾讯首款将人工智能技术运用在医学领域的产品，通过把腾讯积累多年的图像识别、自然语言处理、深度学习、大数据处理等领先的技术与医学跨界融合，辅助医生进行疾病筛查和诊断。目前该产品已从最初的食道癌早期筛查拓展到对包括胃癌、结肠癌、乳腺癌和肺癌等多个癌症进行 AI 辅助诊断，以及对肺结节、糖尿病性视网膜病变等医学影像进行智能识别，涵盖通过内窥镜、

CT、眼底照相、病理等产生的各类影像。在使用了"腾讯觅影"系统后，医生在拍片检查时，片子实时传输至智能医学中心，系统就像医生的第三只眼睛，"读片"用时只需数秒，便能够十分敏锐地捕捉到任何一个细节，自动识别并定位可疑病灶，对于一些可疑的片子进行标注，提醒医生复审可疑影像图像，从而辅助医生做出更精确、更全面的诊断。

（3）2017 年，阿里健康、万里云联合开发了智能影像诊断产品"Doctor You"AI 系统，包括临床医学科研诊断平台、医疗辅助检测引擎、医师能力培训系统等。"Doctor You"的 CT 肺结节智能检测引擎由阿里健康的算法引擎团队和阿里巴巴 iDST 的视觉计算团队共同打造，它将医学知识和人工智能技术结合，自动识别并标记可疑结节，提高医生工作效率，降低误诊率和漏诊率。

（4）2019 年 4 月，韩国首尔大学的专家和一家韩国软件公司组成的研究小组研发了一套基于人工智能的医疗影像判读系统，可以通过胸部 X 射线筛查肺癌、肺结节、肺结核、气胸等肺部疾病，诊断准确率比人类医生高近 20%。

搭建该系统使用了包括 4 种肺部疾病共计 98621 份胸部 X 射线图像资料，并经过首尔大学医院、法国格勒诺布尔大学医院等多家医院的临床检验，平均诊断准确率达到 97% 以上。

在一场人工智能系统同一组包括影像医学专业的专职医生在内的 15 名医生的比较评价中，医生的诊断准确率为 81.4%，定位准确率为 78.1%；而人工智能系统的成绩分别为 98.3% 和 98.5%，表现优于人类医生。

该研究小组表示，医生在得到人工智能系统的辅助后，判读肺部图像的能力最多可以提高 9 个百分点。

6.4　智能安防

伴随着智能分析技术的突破，智能安防的发展也十分迅速。一方面，传统安防企业海康威视、大华股份、东方网力等在不断加大安防智能化；另一方面，以算法见长的商汤科技、旷视科技、云从科技等也将技术重点聚焦于人脸识别、行为分析等智能领域。

1. 智能安防技术的构成

一个完整的智能安防系统主要包括门禁、报警和监控三大部分。从产品的角度讲，智能安防系统应具备防盗报警系统、视频监控报警系统、出入口控制报警系统、保安人员巡更报警系统、GPS 车辆报警管理系统和 110 报警联网传输系统等。

这些子系统在日常生活中常常会有所应用，例如写字楼入口、小区入口、停车场入口及银行大门报警传感等。

2. 智能安防行业带来新变革

在安防行业内，目前人工智能算法使用最多的还是视频图像领域，因为传统安防企业的产品都与视频图像相关。安防行业还需要以视频图像信息为基础，打通各种异构信息，在海量异构信息的基础上，充分发挥机器学习、数据分析与挖掘等各种人工智能算法的优势。

和传统安防相比，智能安防的优点有以下几方面。

（1）看得更"清"。从标清、高清到超高清，再到 4K，智能安防厂家纷纷推出新一代智能摄像机。它们不仅像素极高，还能智能截取画面，在恶劣光线环境下也能实现高清监控。

针对在无光或者弱光环境下监控摄像机无法拍摄清晰画面的难题，相关企业开发了星光级摄像机，实现在低照度环境下无须补光也可保证画面清晰、细节丰富、噪点小。针对雾霾天研发出的透雾技术摄像机，即使在大气环境极其恶劣的情况下，也可保证对区域的实时高清监控。

（2）看得更"准"。利用人脸的唯一匹配性，一种基于人的相貌特征信息进行身份认证的生物识别技术逐渐兴起，也因其安全优势正被广泛接受。

门禁模式下，省去了公司职员刷卡或前台人员开门的步骤，通过人脸识别自动开启门禁；考勤模式下，代替传统、陈旧的打卡系统，通过人脸识别技术有效避免代替打卡、指纹膜等问题。

目前，较新型的智能迎宾系统是一套动态人脸识别系统。这套系统非常有代表性，放在公司门口，可能就是一个操控门的智能门禁；放在会场，可能是一套嘉宾签到系统；放在商店门口，可能就是一套 VIP 识别系统。

（3）看得更"懂"。摄像头想要真正地"思考"世界，作出实时响应，就要求后台能够处理海量数据，灵活储存数据，快速解锁并提供高效分析和统计数据。

（4）看得更"远"。整个安防产业已经从"看得见"走到了"看得清"和部分"看得懂"，但是这些还远远不够。对于公共安全来说，最重要的是要做到事前的预测、预警、预防，将风险在早期阶段就消除掉。因此，智能安防不光要"看得见""看得懂"，还要"看得远"，这里的"远"是时间上的概念，是指可以从现在看到未来，能够预测。

3. 智能安防的产业升级

安防行业正面临一次巨大的产业升级，这个升级来自于人工智能技术对整个行业的影响，当然还叠加了物联网、大数据、新的硬件在算力上的进步。以华为公司为例，华为的智能安防有三个关键特点：全栈、全智能、全场景。

（1）全栈，包括底层的基础设施、上一层的全栈云和人工智能的能力，以及基于软件、硬件能力构建的产品和平台。底层的基础设施包括芯片、计算、存储、联接等。云计算和大数据平台是土壤，在土壤之上有面向智能安防业务场景的产品和平台，包括软件定义的摄像机、智能视频云平台、大数据云平台、智能指挥平台等。

（2）全智能，有两个核心：一是全网智能，从研判到预警，再到指挥、布控，每一个部分都要涉及智能；二是端、边、云协同，即真正的智能应该是能从前到后、从上到下、从左到右全方位协同的。

（3）全场景，围绕一系列业务场景，将智能安防技术应用到这些场景中，并进行场景化匹配，最终结合生态为客户解决业务问题。

解决方案架构：用智能的思想武装整个安防系统的数据传输及处理网络，从设备端的感知和数据采集，到通过网络传输至智能边缘侧，再进一步到达中心大脑，实现多级协同。数据到达中心大脑之后，需要和上层的业务流程相结合，实现真正的业务闭环。华为的智能安防系统如图6-22所示。

细分来看，华为的布局如下。在端侧，核心是芯片和软件定义摄像机；在边缘和中心布局了用来处理视频的智能视频云平台；另外还有智能警务云平台及智能指挥平台。

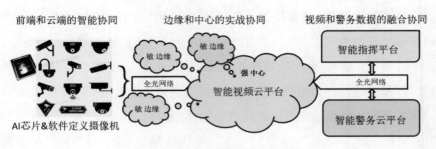

前端和云端的智能协同　　边缘和中心的实战协同　　视频和警务数据的融合协同

图 6-22　华为的智能安防系统

4. 人工智能在安防领域的应用

人工智能技术的迅猛发展，积极推动着安防领域向着一个更智能化、更人性化的方向前进，主要体现在以下几个方面。

（1）在民用安防的应用。在民用安防领域，每个用户都是极具个性化的，利用人工智能强大的计算能力及服务能力，可为每个用户提供差异化的服务，提升个人用户的安全感，满足人们日益增长的服务需求。以家庭安防为例，当检测到家中没有人时，家庭安防摄像机可自动进入布防模式；有异常情况时，给予闯入人员声音警告，并远程通知家庭主人；当家庭成员回家后，又能自动撤防，保护用户隐私；夜间，通过一定时间的自学习，掌握家庭成员的作息规律，在主人休息时启动布防模式，确保夜间安全，省去人工布防的烦恼，真正实现人性化。家庭智能安防系统如图 6-23 所示。

（2）在公安行业的应用。公安行业用户的迫切需求在海量的视频信息中发现犯罪嫌疑人的线索。人工智能在视频内容的特征提取、内容理解方面有着天然的优势。前端摄像机内置人工智能芯片，可实时分析视频内容，检测运动对象，识别人、车属性信息，并通过网络传输到后端人工智能的中心数据库进行存储。再利用强大的计算能力及智能分析能力，对嫌疑人的信息进行实时分析，给出最可能的线索建议，将锁定犯罪嫌疑人的轨迹所需时间由原来的几天缩短到几分钟，为案件的侦破争取宝贵的时间。人工智能强大的交互能力，还能与办案民警进行自然语言方式的沟通，真正成为办案人员的专家助手。以车辆特征为例，可通过使用车辆驾驶位前方的小电风扇进行车辆追踪，在海量的视频资源中锁定涉案的嫌疑车辆的通行轨迹。图 6-24 为人工智能识别追踪车辆。

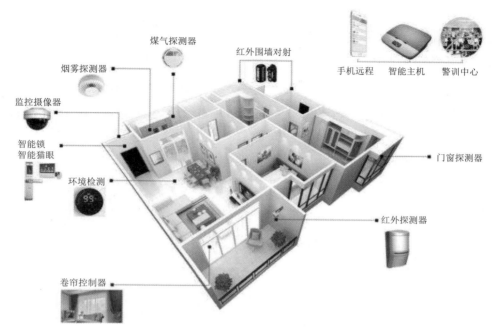

图 6-23　家庭智能安防系统

图 6-24　人工智能识别追踪车辆

（3）在工厂园区的应用。工业机器人由来已久，但大多数是固定在生产线上的操作型机器人，可移动巡线机器人在全封闭无人工厂中将有着广泛的应用前景。在工厂园区，安防摄像机主要被部署在出入口和周界，对内部边角的位置无法涉及，而这些地方恰恰是安防的死角。可移动巡线机器人可定期巡逻，读取仪表数值，分析潜在的风险，保障全封闭无人工厂的可靠运行，真正推动工业 4.0 的发展。工厂安防系统如图 6-25 所示。

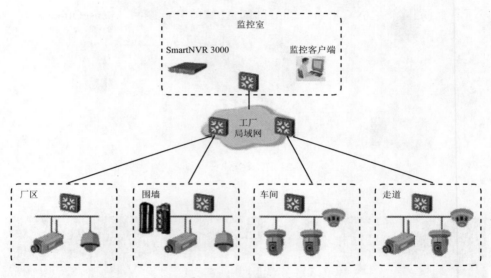

图 6-25　工厂安防系统

目前，无论是整个人工智能的发展，还是智能安防的发展，其水平都处在起步的阶段。只有具备自主、个性化、不断进化完善的人工智能，才能解决安防领域日益增加的需求，成为广大用户的专家和助手，提升整个安防领域的智能化水平，推动安防产业的升级换代。

6.5　计算机视觉企业简介

在人工智能的三大领域之一的计算机视觉的研究成果中，图像识别的能力越来越强，错误率越来越低，国内也陆续涌现了大批优秀的计算机视觉创业公司。

1. 商汤科技（官网：https://www.sensetime.com/cn）

商汤科技成立于 2014 年，是计算机视觉和深度学习领域的算法提供商，起源于香港中文大学，由香港中文大学教授汤晓鸥创立，以"坚持原创，让 AI 引领人类进步"为使命，致力于引领人工智能核心"深度学习"技术突破，聚集了当下华人中较有影响力的深度学习、计算机视觉科学家，是科技部指定的首个"智能视觉"国家新一代人工智能开放创新平台。

新型冠状病毒疫情期间，商汤科技发挥自身独特优势，利用 AI 原创技术开发了智慧防疫解决方案、SenseCare 肺部 AI 智能分析产品、SenseOffice 商汤智慧办公平台系统等产品，并应用于全球范围内丰富的场景之中。海外如新加坡、韩国等地已引入无接触式热成像测温一体机 SenseThunder-E mini，加强疫情防控。商汤科技积极助力疫情防控和各地复工复产，为全球社区贡献了自己的创新能力。

2. 旷视科技（官网：https://www.megvii.com/）

北京旷视科技有限公司创立于 2011 年，以"用人工智能造福大众"为使命，是全球领先的人工智能产品和解决方案公司。深度学习是旷视科技的核心竞争力，也是支撑人工智能革命的关键。核心算法有人脸检测、人脸识别、年龄性别估计、人脸属性检测、人脸检索、人脸聚类、活体检测等。2017 年以来，旷视科技在各项国际人工智能顶级竞赛中累计揽获 42 项世界冠军，创下 COCO（计算机视觉领域权威的国际竞赛之一）三连冠的记录，拥有自主研发的深度学习天元框架。

3. 依图科技（官网：https://www.yitutech.com/）

上海依图网络科技有限公司成立于 2012 年 9 月，参与人工智能领域的基础性科学研究，致力于全面解决机器看、听、理解的根本问题。在人脸识别比赛（FRVT）中，依图算法在千万分之一误报下的识别准确率超过 99%，是目前全球人脸识别技术的最好水平。依图"AI 防癌地图"将医疗人工智能引入肺癌和乳腺癌等多个高发高危癌症的筛查，减轻医务人员工作负担，减少误诊漏诊现象的发生。由依图医疗紧急研发的基于 CT 影像的新冠肺炎智能评价系统、新冠肺炎防疫小依医生、区域传染病智能防控解决方案已在全球 200 余家医疗机构、互联网医疗平台、政府机构落地应用，助力全球新冠疫情防控，收获国家卫健委新冠疫情防控保障小组的"官方点赞"。

4. 云从科技（官网：https://www.cloudwalk.com/）

云从科技集团股份有限公司创立于 2015 年，总部设在广州，拥有自主可控且不断创新的人工智能核心技术，以视觉＋语音等多模态感知为基础，建立视觉认知、语言认知、环境认知等多模态认知融合，打造智能决策系统，实现人工智能技术闭环。云从科技 Pixer-Anchor 文本检测算法，能够在多版式、且具有复杂背景、阴影、折痕、印章、水印、串行、错位等干扰的测试集上进行识别并结构化输出文本信息。云从科技自研的视频全结构化引擎可实现对视频或图片中的人脸、人体、机动车、非机动车进行目标抓拍、识别、属性分析等多种功能。

5. 格灵深瞳（官网：https://www.deepglint.com/）

格灵深瞳于 2013 年 4 月在北京成立，是"以创新为乐趣，以改变世界为理想"的科技创业公司。格灵深瞳推出了数款创新性的产品，深瞳智源视觉计算平台广泛应用于城市管理、智慧金融、商业零售等场景。深瞳灵犀数据智能平台可实现视频图像解析、视频结构化、人脸识别、人脸聚类、人脸布控、以图搜图等功能。深瞳战狼公安视图大数据解决方案可实现基于实时视频监控、历史视频、图片流的全目标结构化分析、海量数据存储和大数据模型应用，能够满足实时预警、精准布控、一键追踪、分析研判等多种业务需求。

6. 海康威视（官网：https://www.hikvision.com/cn/）

海康威视位于杭州，是以视频为核心的智能物联网解决方案和大数据服务提供商，其产品和解决方案应用在 155 个国家和地区，业务聚焦于智能物联网、大数据服务和智慧业务，构建开放合作生态，为公共服务领域用户、企事业用户和中小企业用户提供服务，致力于构筑云边融合、物信融合、数智融合的智慧城市和数字化企业。海康威视不断创新，不断发展多维感知、人工智能与大数据技术，为人类的安全和发展开拓新视界。

习 题

1. 视觉是人体获得信息最多的感官来源，有实验证实，视觉所获信息占人类获得全部信息的 _____。

　　A．63%　　　　　　　　　　B．73%

　　C．83%　　　　　　　　　　D．93%

2. _____ 是检测图像中人脸所在位置的一项技术。

　　A．人脸检测　　　　　　　　B．人脸配准

　　C．人脸属性识别　　　　　　D．人脸特征提取

3. _____ 是定位出人脸上五官关键点坐标的一项技术。

　　A．人脸检测　　　　　　　　B．人脸配准

　　C．人脸属性识别　　　　　　D．人脸特征提取

4. _____ 是识别出人脸的性别、年龄、姿态、表情等属性值的一项技术。

　　A．人脸检测　　　　　　　　B．人脸配准

　　C．人脸属性识别　　　　　　D．人脸特征提取

5. _____ 是将一张人脸图像转化为一串固定长度的数值的过程。

　　A．人脸检测　　　　　　　　B．人脸配准

　　C．人脸属性识别　　　　　　D．人脸特征提取

6. 鉴别胎儿的正常与否可以使用 _____。

　　A．CT　　　　　　　　　　B．DR

　　C．UI　　　　　　　　　　D．MRI

人工智能在工业领域的应用

第 7 章

人工智能 + 工业

7.1 工业 4.0 和中国制造 2025

1. 工业 4.0

工业 4.0 是工业发展不同阶段的划分。工业 1.0 是蒸汽机时代，工业 2.0 是电气化时代，工业 3.0 是信息化时代，工业 4.0 是利用智能技术促进产业变革的时代，也就是智能化时代，如图 7-1 所示。

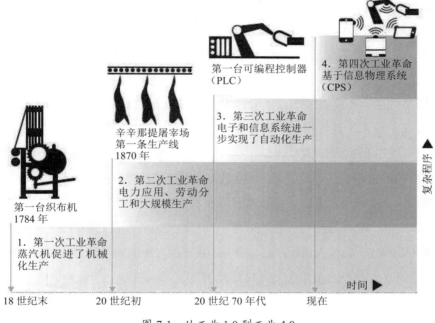

图 7-1 从工业 1.0 到工业 4.0

第一次工业革命发起于英国，以蒸汽机作为动力机被广泛使用为标志，开创了机器代替手工劳动的时代，率先完成工业革命的英国确立了当时世界霸主的地位。

第二次工业革命主要发起于美国和德国，以电能的突破、应用以及内燃机的出现为标志，人类从此进入了电气时代，在此期间德国和美国的工业电气化得到发展，国力得到提升，成为世界强国。

第三次工业革命是涉及信息技术、新能源技术、新材料技术、生物技术、空间技术和海洋技术等诸多领域的一场信息控制技术革命，不仅极大地推动了人类社会经济、政治、文化领域的变革，而且也影响了人类生活方式和思维方式。美国、日本等资本主义国家在此期间取得了信息技术领域的巨大进步。

随着技术的积累和发展，人类已经进入了智能化时代，以人工智能技术的广泛应用为标志，世界主要国家都在大力推动智能技术发展，以期利用智能革命来发展工业和经济，提升国力。

2011 年德国提出工业 4.0 的概念。德国学术界和产业界认为，工业 4.0 是以智能制造为主导的第四次工业革命，即通过数字化和智能化来提升制造业的水平，其目的是提高德国工业的竞争力，提高德国制造业的智能化水平。

德国的工业 4.0 项目主要分为四大主题。

第一大主题是智能工厂，重点研究智能化生产系统及过程，以及网络化分布式生产设施的实现。

第二大主题是智能生产，主要涉及整个企业的生产物流管理、人机互动及 3D 技术在工业生产过程中的应用等。

第三大主题是智能物流，通过互联网、物联网、物流网整合物流资源，充分发挥现有物流资源供应方的效率，使需求方能够快速获得服务匹配，得到物流支持。

第四大主题是智能服务，是以客户为中心，促进企业向服务型制造业转型。智能产品加上状态感知数据与大数据处理，将会改变企业现有的销售模式，采取在线智能服务新模式，实现人员、产品、装备、系统的时时联通，达到有效及时的服务。

工业 4.0 的核心是智能制造，精髓是智能工厂，精益生产是智能制造的基石，工业机器人是时代所趋，工业标准化是必要条件，工业大数据是未来黄金。

工业 4.0 的技术支柱包括以下几项。

（1）工业物联网。工业物联网代表全球工业系统与智能传感技术、高级计算、大数据分析及互联网技术的连接和融合，其核心要素包括智能设备、先进的数据分析工具、人与设备交互接口。工业物联网是智能制造体系和智能服务体系的深度融合。

（2）云计算。云计算是互联网虚拟大脑的中枢神经系统，负责将互联网的核心硬件层、核心软件层和互联网信息层统一起来，为互联网各虚拟神经系统提供支持和服务。

（3）工业大数据。工业大数据是掌控未来工业的关键。可以通过工业传感器、无线射频识别、条形码、工业自动控制系统、企业资源计划、计算机辅助设计等技术来扩充工业数据量。

（4）工业机器人。工业机器人是工业 4.0 的最佳助手，是面向工业领域的多关节机械手或多自由度的机器装置。它能自动执行工作，是靠自身动力和控制能力来实现各种功能的一种机器。

（5）3D 打印。3D 打印通过数字化增加材料的方式进行制造。

（6）知识工作自动化。知识工作自动化主要包括智能控制、人工智能、机器学习、人机接口、基于大数据的管理等。

（7）工业网络安全。产业互联网的安全风险和安全压力远远大于消费互联网，因为它涉及行业机密甚至国家机密。

（8）虚拟现实。虚拟现实技术是一种可以创建和体验虚拟世界的计算机仿真系统。它利用计算机生成一种模拟环境，通过多源信息融合的交互式三维动态视景和实体行为的系统仿真，使用户沉浸到该环境中。

（9）人工智能。人工智能技术是工业 4.0 技术的核心和关键，是一切技术的基础，几乎所有技术中都涉及人工智能技术。

工业 4.0 的九大技术支柱如图 7-2 所示。

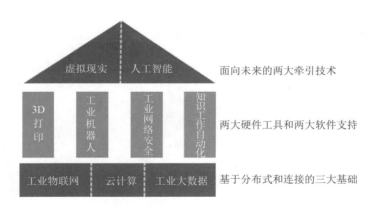

图 7-2　工业 4.0 的九大技术支柱

2．中国制造 2025

第一次工业革命、第二次工业革命让以英国、美国为首的资本主义国家迅速崛起，并开始了以强凌弱的殖民时代，中国在 19 世纪末到 20 世纪初成了半殖民地国家，虽然也受到了一点工业革命的影响，开始逐步有了电报、电话、铁路等，但整体经济发展水平远远落后于其他经济发达国家。

新中国成立后，信息技术革命在西方发达国家迅猛发展，中国也开始奋起直追，但受到诸多因素的影响，直到改革开放前，经济整体发展水平和人民生活水平还远远落后于发达国家。

改革开放后，中国的经济开始迅猛发展，在政府领导和全体中国人民的努力下，用四十余年的时间完成了西方两百多年的工业革命之路。近年来，中国在信息技术领域、智能技术领域取得的成果已经跻身世界前列。

《中国制造 2025》是国务院于 2015 年 5 月印发的部署全面推进实施制造强国的战略文件，其核心是通过智能机器、大数据分析来实现制造业的全面智能化，是中国实施制造强国战略第一个十年的行动纲领，为中国制造业未来 10 年设计了顶层规划和路线图，通过努力实现中国制造向中国创造、中国速度向中国质量、中国产品向中国品牌的三大转变，推动中国实现工业智能化，迈入制造强国行列。

《中国制造 2025》提出："加快推动新一代信息技术与制造技术融合发展，把智能制造作为两化深度融合的主攻方向；着力发展智能装备和智能产品，推进生产过程智能化，培育新型生产方式，全面提升企业研发、生产、管理和服务的智能化水平"。由此可见，人工智能、智能化、智能制造是中国制造业的重要发展方向。智能制造的内涵包括生产方式智能化、产品智能化、装备智能化、管理智能化、服务智能化，如图 7-3 所示。

图 7-3　智能制造的内涵

"中国制造 2025"与德国"工业 4.0"的合作对接渊源已久。2014 年，中德双方签署的《中德合作行动纲要：共塑创新》中，有关"工业 4.0"合作的内容共有四条，第一条就明确提出工业生产的数字化（"工业 4.0"）对于未来中德经济发展具有重大意义。双方认为，两国政府应为企业参与该进程提供政策支持。

7.2　智能工厂

1. 智能工厂的概念与特点

（1）智能工厂的概念。智能工厂是现代工厂信息化发展的新阶段，是在数字化工厂的基础上，利用物联网技术和设备监控技术加强信息管理和服务，清楚掌握产销流程，提高生产过程的可控性，减少生产线上人工的干预，即时正确地采集生产线数据，以及合理进行生产计划编排与生产进度控制，使用人工智能等新兴技术，构建的一个高效节能、绿色环保、环境舒适的人性化工厂，如图 7-4 所示。

图 7-4　智能工厂

智能工厂内部的设备、产品、操作者等通过企业内部的通信机制实现沟通，包括生产数据的采集与分析、生产决策的确定等。众多智能工厂通过物联网交互形成庞大且完整的智能制造网络。

（2）智能工厂的特点。

1）生产智能化。利用人工智能信息网络，智能工厂的生产和通信将变得更加流畅，生产速度将大大加快。

2）设备智能化。在人工智能技术的帮助下，工厂的生产设备能自动判别生产环境，对生产过程进行调节。

3）能源管理智能化。智能工厂具有无障碍的通信系统，工厂中的电力系统、楼宇控制系统、电力微机综合保护系统等都能实现智能化，做到能源的最优分配。

4）供应链管理智能化。智能工厂是一个完全整合的系统，从原料的配送到产品的运输，供应链的管理会从全局考虑，统筹安排，制定更加合理的管理体系，实现效率最优原则。

2. 智能工厂的衡量标准

一般来说，智能工厂有以下衡量标准。

（1）是否实现车间物联网。在智能工厂中，人、设备、系统三者之间应构建起完整的车间物联网，实现智能化的交互式通信。建立起车间物联网后，车间内的所有人与物都可通过物联网连接，方便管理。

（2）是否利用大数据分析。随着工业的信息化程度加快，工厂生产所拥有的数据日益增多。由于生产设备产生、采集和处理的数据量与企业内部的数据量相比要大很多，因此，智能工厂要充分利用大数据技术对数据进行分析。大数据技术利用这些数据能够建立起生产过程的数据模型，与人工智能技术结合，不断学习优化生产管理过程。同时，如果在生产过程中发现某处生产偏离了标准，系统就会自动发出警报。

（3）是否实现生产现场无人化。智能工厂的基本标准是自动化生产，不需要人工参与。当生产过程出现问题时，生产设备可自行诊断和排查，一旦问题得到解决，立即恢复自动化生产。目前，很多智能工厂还是需要人工进行监督和检查，还没有实现完全的智能化。

（4）是否实现生产过程透明化。在信息化系统的支撑下，智能工厂的生产过程能够被全程追溯，各种生产数据也是真实、透明的，通过人工智能系统可以轻松实现查询与监管。

（5）是否实现生产文档无纸化。无纸化可以减少纸张浪费，避免纸质文档查找的麻烦，提高文档检索的效率。

3. 国内外的智能工厂案例

（1）隆力奇智能化工厂。隆力奇是知名的民族日化品牌，率先开始了建设智能工厂的尝试，并成功入选首批"江苏省示范智能车间"，是德国"工业 4.0"中国首家试点项目，实现了本土化妆品从"中国制造"到"中国智造"的历史性转变。

隆力奇的智能化工厂配备了智能净化车间、自动配送系统，以及一系列高端智能生产设备，现有设施设备也得到了自动化和智能化的升级改造。智能生产车间拥有世界领先的智能设备，护肤洗涤类车间使用了香波全自动灌装线，平均每分钟可以灌装 200 瓶以上。隆力奇智能车间如图 7-5 所示。

图 7-5　隆力奇智能车间

此外，隆力奇也全力打造自己的人工智能工厂云平台，利用多种无线技术，使工厂中各个工位的数据都传输和汇总到该平台上。智能车间加强了人机之间的各种交互设置，如语音控制、视觉识别、手势识别等，同时建立了以云平台为基础的智能工厂辅助系统，提高了工作人员解决问题的能力。在整个智能车间中，只需要一到两名操作人员就可实现对整个车间的控制。

（2）九江石化智能工厂。九江石化是我国首批石化智能工厂的试点单位之一，在结合石化流程型企业特点和人工智能的前提下，成功打造了石化智能工厂。

九江石化实现了智能化工厂的转型后，获得了如下成果。

1）智能化工厂提高了生产安全性，减少了安全事故。九江石化工厂利用智能化生产设备和智能化生产系统，即使在员工操作失误或机器发生故障时，也不会发生安全事故，因为智能系统有自动纠错设置、自动报警设置，大大提高了整个工厂的安全性。

2）智能化工厂促进了环保管理。通过应用人工智能数字炼厂平台，九江石化工厂的生产工艺不断进步，形成了绿色、高效、可持续发展的生产工艺流程，工厂的环保水平不断提升。

3）智能化工厂提升了盈利能力。人工智能的使用优化了炼油的流程，以经济效益最大化为目标，确保了九江石化面对市场变化时的敏捷性和准确性，大大提升了企业的盈利能力。

4）智能化工厂提高了企业的管理效率。智能化工厂采用的是智能管控的模式，提升了企业的管理效率，在炼油产量增加一倍的同时，工厂的操作室数量、班组数量和员工数量都下降了。

（3）德国西门子智能工厂。作为德国工业中的龙头企业，西门子在建设智能工厂方面同样处于领先地位。在西门子的智能工厂，四分之三的工作都由机器和计算机自主处理，产品的合格率高达99.99%，生产速度和生产质量在全球同类企业中遥遥领先。

西门子的智能工厂具有三个特点。

1）全面智能化。在智能化的生产线上，产品可以通过产品代码自行控制、调节自身的制造过程。通过通信设备，产品可以"告诉"生产设备自身的生产标准是什么、下一步要进行的工序是什么。利用产品和生产设备的通信，所有生产流程实现了计算机控制并不断进行算法优化。

除了生产线，西门子智能工厂还实现了生产供应链的自动化和信息化。当生产线上需要某种物料时，信息会自动传递到自动化仓库，物料就会被传送带自动传输到生产线上。

在全面智能化的环境下，西门子智能工厂的生产路径不断优化，生产效率不断提高。

2）员工不可或缺。在高度智能化的生产流程中，员工依然不可或缺。员工的工作是日常巡查车间、检查生产进度、为生产流程的优化提出更改意见。

3）大数据技术的运用。智能工厂有一个关键和核心的内容，就是对生产过程中不断产生的大数据进行挖掘、分析和管理，让数据变得更符合智能工厂的生产需要，通过数据分析改进工艺、提高效率、分析市场需求，从而提高企业的效益。

7.3　工业机器人

工业智能化的趋势及《中国制造 2025》的推动增加了工业机器人在工业制造领域的应用，2016—2020 年我国工业机器人产量不断增加，2020 年 1—12 月中国工业机器人产量达到 237068 套，位居世界前列。中国是全球最大的工业机器人销量市场，2020 年的数据显示中国占全球约 39.2% 的市场份额。2021 年中国工业机器人销量占全球销量的比重为 52.88%，在亚洲市场占比超过 2/3，预计 2022 年中国工业机器人销量占全球销量的比重将提升至 56.19%。

本节主要介绍工业机器人的概念、发展历程及应用。

1. 工业机器人的概念及发展历程

（1）工业机器人的概念。工业机器人是面向工业领域的多关节机械手或多自由度的机器装置，能自动执行工作，是靠自身动力和控制能力来实现各种功能的一种机器。

现代的工业机器人是集机械、电子、控制、计算机、传感器、人工智能等多学科先进技术于一体的现代制造业重要的自动化装备。它可以接受人类指挥，也可以按照预先编排的程序运行。

机器人技术及其产品发展很快，已成为柔性制造系统、自动化工厂、计算机集成制造系统的自动化工具。

广泛采用工业机器人，不仅可提高产品的质量与产量，而且对保障人身安全、改善劳动环境、减轻劳动强度、提高劳动生产率、节约原材料及降低生产成本有着十分重要的意义。和计算机、网络技术一样，工业机器人的广泛应用正在日益改变着人类的生产和生活方式。

（2）工业机器人的发展。1920 年，捷克作家卡雷尔·恰佩克（Karel Capek）在其科幻小说《罗萨姆的机器人万能公司》中，根据 Robota（捷克文，原意为"劳役、苦工"）和 Robotnik（波兰文，原意为"工人"），创造出 Robot（机器人）一词。

1939 年，美国纽约世博会上展出了西屋电气公司制造的家用机器人 Elektro。这台机器人由电缆控制，可以行走，能说 77 个字，而且可以抽烟，但离真正干家务活还差很远。

1948 年，诺伯特·维纳（Norbert Wiener）出版了《控制论》，阐述了机器中的通信和控制原理与人的神经、感觉机能的共同规律，率先提出了以计算机为核心的自动化工厂。

1954 年，美国人乔治·德沃尔（George Devol）成功研制出世界上第一台可编程的机器人，并且注册了专利。这种机械人能按照不同的程序从事不同的工作，具有通用性和灵活性。

1959 年，美国人约瑟夫·英格伯格（Joseph Engelberger）和德沃尔联手制造出世界上第一台工业机器人，如图 7-6 所示。他们认为汽车工业最适合使用机器人干活，因为使用重型机器进行工作，生产过程较为固定。随后，英格伯格成立了世界上第一家机器人制造工厂——Unimation 公司。由于英格伯格对工业机器人的研发和宣传做出了重大贡献，因此他被称为"工业机器人之父"。从此，工业机器人的历史才真正开始。

图 7-6　英格伯格和德沃尔在研发世界上第一台工业机器人

国外工业机器人技术日趋成熟,现在的国外工业机器人市场主要有四大品牌:德国 KUKA、日本 FANUC、日本 Yaskawa、瑞典 ABB。

在国内,工业机器人产业增长势头非常强劲。我国具有代表性的工业机器人企业包括沈阳新松机器人自动化股份有限公司、哈尔滨博实自动化股份有限公司、南京埃斯顿自动化股份有限公司等,如图 7-7 所示。

图 7-7　汽车制造车间的工业机器人

随着技术的发展,工业机器人的功能越来越强大,在很多领域得到了广泛应用。它在提高生产自动化水平,提高劳动生产率、产品质量及经济效益,改善工人劳动条件等方面有着重要作用,引起了世界各国社会各层人士的广泛关注。

机器人取代人类从事制造业的另一个优点是,产品很容易按照个性化定制。传统方式制造出来的产品是复制式生产,成本很低。如果顾客想要根据自己的需求订购一款特定的产品就需要很高的成本。在用机器人实现智能化生产的时代,只要通过设定产品参数,机器人就可以根据用户需求制造出个性化的产品,从而降低了成本。

2. 人工智能技术在工业机器人中的应用

人工智能技术包括机器视觉、深度学习、自然语言处理、大数据、云计算等。将人工智能技术和机器人技术结合,实现既具备机器人的肢体又具备类人智慧的机器人,是人工智能和机器人技术发展的终极目标。

未来,智能机器人将成为人工智能技术和传统工业机器人技术融合发展的结果。

(1)微电子、大数据、云计算、移动互联网等信息技术的发展为机器人智能化程度的提高奠定了坚实基础。

机器人可通过摄像头、传感器感知外部环境变化，凭借强大的计算机处理能力和大数据、云计算技术获得超强的运算处理能力，甚至模拟人类解决问题的能力，机器人正从依赖嵌入程序或输入指令执行命令向自主学习、自主决策和自主作业的方向发展。近年来，国际商业机器公司（IBM）、谷歌、微软、亚马逊等企业大举进入机器人产业，带来强大的信息网络技术，进一步推动了机器人的智能化。

（2）机器视觉赋予工业机器人"慧眼"。机器人视觉可以通过视觉传感器获取环境的二维图像，并通过视觉处理器进行分析和解释，进而转换为符号，让机器人能够辨识物体，并确定其位置。

机器视觉硬件主要包括图像获取和视觉处理两部分，而图像获取由照明系统、视觉传感器、模拟－数字转换器和帧存储器等组成。由于功能不同，机器人视觉可分为视觉检验和视觉引导两种，广泛应用于电子、汽车、机械等工业部门和医学、军事领域。

在工业机器人行业，视觉技术主要是充当机器人的"眼睛"，跟机器人配合，定位各种产品，为机器人抓取物体提供坐标信息。

（3）自然语言识别赋予工业机器人"耳朵"和理解力。自然语言的智能识别，相当于给机器人安上了"耳朵"，赋予它理解能力，能够让工业机器人正确识别和处理自然语言，能够听得懂人类发出的处理指令，从而让人类能够更加方便地指挥和操纵机器人。

（4）深度学习给工业机器人安上一双"翅膀"。将深度学习与智能机器人结合，将给工业机器人的发展安上一双腾飞的"翅膀"。深度学习不仅使机器人在自然信号处理方面的潜力得到了发挥，而且使它拥有了自主学习的能力，每个机器人都在工作中学习，且数量庞大的机器人并行工作，然后分享它们学到的信息，相互促进，如此必将带来极高的学习效率，极快地提升机器人的工作准确度。

3. 工业机器人的应用

工业机器人最早应用于汽车制造工业行业，常用于焊接、喷漆、上下料和搬运。随着工业机器人技术应用范围的延伸和扩大，现在已可代替人从事危险、有害、有毒、低温和高热等恶劣环境中的工作及繁重、单调的重复劳动，并可提高劳动生产率，保证产品质量。工业机器人与数控加工中心、自动搬运小车及自动检测系统可组成柔性制造系统和计算机集成制造系统，实现生产自动化。工业机器人主要应用于以下几个方面。

（1）恶劣工作环境及危险工作。工业机器人可代替人，在压铸车间及核工业等有害于身体健康或危及生命的环境，或不安全因素很大而不宜于人去做的作业领域工作，如图7-8所示。

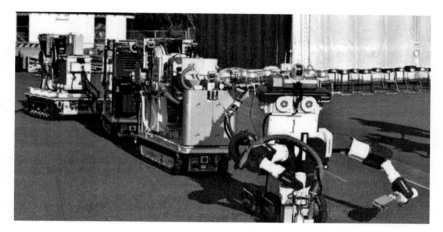

图7-8　从事危险工作的机器人

（2）特殊作业场合和极限作业。机器人可用于火山探险、深海探密和空间探索等人类能力所不能及的工作，如航天飞机上用来回收卫星的操作臂等，图7-9为海底探险机器人。

图7-9　海底探险机器人

（3）自动化生产领域的工业机器人。在制造业中，尤其是在汽车制造业中，工业机器人得到了广泛的应用。如在毛坯制造（冲压、压铸、锻造等）、机械加工、焊接、热处理、表面涂覆、上下料、装配、检测及仓库堆垛等作业中，机器人都已逐步取代了人工作业，如图 7-10 所示。工业机器人造就了"黑灯工厂"，即不需开灯的全机器人工厂。

图 7-10　焊接机器人

（4）医疗行业的工业机器人。人工智能不但可以帮助医生做医疗影像分析判断，还可以代替医生做手术。今天，世界上最有代表性的做手术的机器人是达·芬奇手术系统。达·芬奇机器人已经能帮助医生完成更高质量、低创伤的手术，且能进行远程操作，如图 7-11 所示。

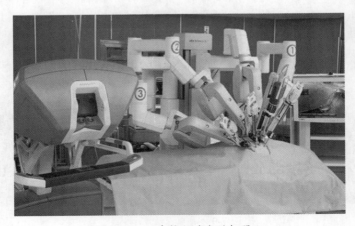

图 7-11　正在执行手术的机器人

（5）国防军事领域的工业机器人。军用机器人是一种用于军事领域的具有某种仿人功能的自动机器人。从物资运输到搜寻勘探及实战进攻，军用机器人的使用范围广泛。军用机器人有无人侦察机（飞行器）、警备机器人等，如图 7-12 所示。

图 7-12　某种军用机器人

（6）生活服务领域的工业机器人。家政服务机器人指的是能够代替人完成家政服务工作的机器人，它包括行进装置、感知装置、接收装置、发送装置、控制装置、执行装置、存储装置、交互装置等。感知装置将在家庭居住环境内感知到的信息传送给控制装置，控制装置接收到信息并作出响应，能够进行防盗监测、安全检查、清洁卫生、物品搬运、家电控制，以及家庭娱乐、病况监视、儿童教育、报时催醒、家用统计等工作，如图 7-13 所示。

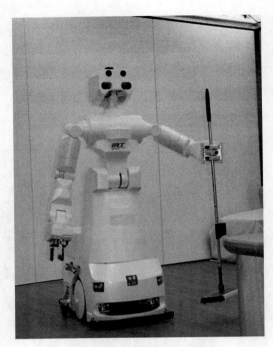

图 7-13   家政服务机器人

4. 工业机器人的产业发展趋势

工业机器人产业发展趋势包括以下几个方面。

（1）人形机器人快速发展。人形机器人一直是很多人心中理想的机器人模样，很多公司也一直致力于发展人形机器人。美国佛罗里达人机交互研究所设计的一款阿特拉斯类人机器人，拥有高度的机动能力，在设计上能够应对复杂地形，可以靠两足行走，上肢可以举起和搬运重物。在遇到较为复杂的地形时，该款机器人还可以手脚并用，应对挑战。更有趣的是，谷歌还研发了一个系统，允许机器人从网上下载新性格。

（2）机器人概念从传统的机械臂扩展到更广泛的范围。传统概念中的机器人指的是人形机器人，或是广泛应用于工厂中的机械臂。但实际上，机器人不仅仅指人形机器人和机械臂，还包括具有人工智能特点的软件，或是并不像人的扫地机器人。设计者可以根据工作场合的需要，将机器人设计成各种各样的形状。

随着中央处理器、传感器的微型化和产品的智能化、联网化，多台机器人间能实现数据共享和协作，汽车、家电、手机、住宅、无人机等产品也具备了机器人的特征。

（3）机器人和人的关系越来越密切。传统的工业机器人往往被铁栅栏隔离以防止其伤及工人，新一代机器人可以与人在同一个空间内密切接触、密切配合，人类可以安全地与机器人并肩工作。例如库卡轻型智能工业助手机器人在接触到人体时，受力传感器会及时限制机器人的运行力量，自动与人保持安全距离。

（4）机器人成本持续下降。随着机器人数字化零部件的增加，以及技术和工艺日益成熟，机器人成本比雇佣工人低的拐点正在到来。所以，未来机器人将会越来越普及，家用机器人将会走进千家万户。

（5）灵活性继续提高，性能更加完善。现有的工业机器人需要进一步扩展功能、提高性能，使其变成一个智能设备。例如工业机械手、机械臂所做的工作是要求有速度、精度、重载的，但是目前的机器人灵活性不够，还需要进一步完善。

在新型机器人研发上，要研发灵巧的机器人，包括双臂机器人、柔性机器人、灵巧手、智能传感机器人等。

（6）机器人由"机器"向人进化。现在的机器人只是一个传统的特殊设备，应用在一些关键性的环节上，与人之间是互补的关系，但可以满足市场对质量和效率的要求。新一代机器人才可以叫"机器人"，它的应用更加普遍，可以实现与人的替代关系，可以满足市场对新制造模式的需求，减人力、降成本、提高产品竞争力。

除此之外，还需要考虑机器人的应用场景。例如卫浴五金的打磨抛光，看似简单，如果要让机器人来做，需要有一些力的感知，在如要防水、防尘、防爆等方面的应用要求上甚至要比在汽车生产线上的要求还要高。这个行业对价格也非常敏感，如何做低成本的系统，是机器人设计和制造行业要考虑的重点问题之一。

工业机器人要和传感相结合，尤其是与视觉相结合，以此来扩展工业机器人的应用，同时也使工业机器人更加适应环境和任务的变化。

7.4 无人机与自动驾驶

1. 无人机和自动驾驶的概念

（1）无人机。无人驾驶飞机简称"无人机"，英文缩写为 UAV，是利用无线电遥控设备和自备的程序控制装置操纵的不载人飞机，或者由车载计算机完全或间歇地自主操作。与载人飞机相比，无人机具有体积小、造价低、使用方便的特点。

时至今日，中国已经成为了无人机制造领域的领导者之一。近年来，中国民用无人机产业发展迅猛，在植保、航拍、测绘、巡检等诸多领域发挥了重要作用。专家预测，到 2023 年中国无人机市场规模有望达到 968 亿元，军用无人机约为350 亿元，总体上无人机行业市场规模将超过千亿，年复合增速超过 60%，未来市场容量十分可观。

无人机以前多数用于军事领域，现在越来越多地应用在民用领域，如航拍、物流等行业，如图 7-14 和图 7-15 所示。

图 7-14　航拍无人机

图 7-15　520 架无人机摆出国旗图案庆祝建党 100 年

（2）自动驾驶。自动驾驶汽车又称无人驾驶汽车、电脑驾驶汽车或轮式移动机器人，是一种通过电脑系统实现无人驾驶的智能汽车。

随着深度学习和计算机视觉技术的兴起，自动驾驶为提升交通安全与效率提供了新的解决方案。自动驾驶综合了人工智能、通信、半导体、汽车等多项技术，涉及产业链长、价值创造空间巨大，已经成为各国汽车产业与科技产业跨界、竞合的必争之地。

为抢抓科技创新与经济发展新机遇，我国将自动驾驶列入顶层发展规划。自动驾驶汽车作为跨界融合的重要载体，正推动汽车、交通等产业的深刻变革，同时为汽车带来的环境、能源、交通等社会问题提供新思路、新方案。

目前国内无人驾驶做得最好的是百度，百度在 2015 年下半年推出无人驾驶汽车。2018 年 2 月 15 日，百度 Apollo（阿波罗）无人车亮相央视春晚，在港珠澳大桥开跑，并在无人驾驶模式下完成"8"字交叉跑的高难度动作。2021 年 8 月 5 日，百度 Apollo 全新一代自动驾驶小巴阿波罗 II 正式亮相，该款车能够顺利应对无保护左转、车流择机变道、路口通行等城市开放道路复杂场景，ODD（自动驾驶运行设计区域）也从封闭、半封闭园区进阶扩大到开放道路。

2. 人工智能技术在无人机和自动驾驶中的应用

（1）人工智能技术在无人机中的应用。无人机与人工智能结合能不断为人类管理者提供全新的视觉。这种视觉让我们有能力看得更广、更清晰、更深入。无人机采集的图像可以转化为大型数据集，并结合强大的分析软件，为人类提供内容丰富、全面的数据集，用于分析、管理、维护与预测。

随着无人机技术的不断发展和普及，用于维护、测量、测绘和监测等各种任务的具有高分辨率图像的无人机正在快速发展。人工智能在无人机行业中最重要的应用目标之一，就是有效利用无人机收集的大型数据集进行训练、分析和预测等。

无人机与人工智能技术的结合让无人机从起飞到数据分析实现了全过程自动化，将为安防、巡检、建筑、农业等带来巨大的效益。

从农业到建筑，从能源到安防，深度学习或机器学习算法的使用已经涵盖了无人机应用的许多垂直领域。

（2）人工智能技术在自动驾驶中的应用。近年来人工智能技术和汽车领域的研究结合越来越紧密，自动驾驶技术不断得到突破。

在传统的有人驾驶汽车的情况下，大部分的交通事故是人为因素造成的，交通堵塞也大都与驾驶员违反交通规则有关。而自动驾驶技术将降低这些由人为因素带来的风险，通过车辆装备的智能软件和多种感应设备（车载传感器、雷达、GPS 以及摄像头等）感知道路、车辆位置和障碍物信息，控制车辆的转向和速度，实现车辆的自主安全驾驶，达到安全高效到达目的地的目标。自动驾驶技术的成功实现将会增强高速公路安全，缓解交通拥堵，大大提高交通系统的效率和安全性。

人工智能技术在自动驾驶中的主要应用如下：

1）环境感知。驾驶员在开车时，通过眼睛观看车辆的前后左右情况，通过耳朵来捕获周围的声音，从而作出判断和反应。自动驾驶中的环境感知技术相当于眼睛和耳朵的功能，处于自动驾驶汽车与外界环境信息交互的关键位置，是实现自动驾驶的基础。

环境感知技术通过利用摄像机、激光雷达、毫米波雷达、超声波雷达等车载传感器，辅以 V2X（vehicle to everything，即车对外界的信息交换）和 5G 等技术获取汽车所处交通环境信息和车辆状态信息，为自动驾驶汽车的决策规划进行服务。

2）精准定位。在自动驾驶系统中，不仅需要获取车辆与外界环境的相对位置关系，还需要通过车身状态感知确定车辆的绝对位置与方位，因此还需要精准导航和定位。精准导航和定位系统的核心是一套非常庞大的运算体系，其中人工智能是关键技术。

3）路径规划。路径规划技术可以为自动驾驶提供最优的行车路径。在自动驾驶汽车行驶的过程中，从出行需求出发，在高精度地图的基础上根据路网和宏观交通信息绘制一条自出发点至目标点、无碰撞、可通过的路径，再根据车辆在行驶过程中收集到的局部环境数据、自身状态数据来做最优路径选择。

路径规划主要包含两个步骤：建立包含障碍区域与自由区域的环境地图，以及在环境地图中选择合适的路径搜索算法，快速实时地搜索可行驶路径。路径规划结果对车辆行驶起着导航作用，它引导车辆从当前位置行驶到达目标位置。

4）决策控制。自动驾驶中的决策控制系统根据给定的路网文件、感知的交通环境信息和自身行驶状态，将行为预测、路径规划以及避障机制三者结合起来，自主产生合理驾驶决策，实时完成无人驾驶动作规划。

决策控制算法是无人驾驶中的核心竞争力，也是人工智能应用的重要场景。无人驾驶与有人驾驶的区别就在于是否具有自主的决策控制能力。目前各公司的无人驾驶系统中传感器配置越来越趋同化，无人驾驶技术上的竞争会更多聚焦在决策环节，谷歌等公司的核心竞争力就体现在决策算法方面。

习　题

下面题目可多选。

1. _____ 主题属于德国的"工业 4.0"项目。

 A．智能工厂   B．智能生产

 C．智能物流   D．智能服务

2. _____ 是由国务院于 2015 年 5 月印发的部署全面推进实施制造强国的战略文件。

 A．《中国制造》   B．《中国制造 2025》

 C．《中国制造 2015》   D．《中国制造 2035》

3. 智能工厂的特点有 _____。

 A．生产智能化   B．设备智能化

 C．能源管理智能化   D．供应链管理智能化

4. 智能化工厂的衡量标准包括 _____。

 A．是否实现车间物联网 B．是否利用大数据分析

 C．是否实现生产现场无人化 D．是否实现生产文档无纸化

5. 现代的工业机器人是集 _____、_____、_____、_____、传感器、人工智能等多学科先进技术于一体的现代制造业重要的自动化装备。

 A．机械   B．电子

 C．控制   D．计算机

6. Robot 一词在 _____ 年被捷克作家创造出来。

    A. 1919   B. 1920

    C. 1921   D. 1922

7. 人工智能技术包括 _____、_____、_____、大数据、_____ 等。

    A. 机器视觉   B. 深度学习

    C. 自然语言处理   D. 云计算

8. _____ 被称为"工业机器人之父"。

    A. 卡雷尔·恰佩克   B. 诺伯特·维纳

    C. 英格伯格   D. 德沃尔

9. 无人机的缩写是 _____。

    A. USA   B. UFO

    C. UAV   D. UOV

第8章

人工智能的未来

人工智能的概念早在 1956 年就提出，经过几十年的发展，才真正地走进人们的生活中，为人们的生活带来便利。

那么，人工智能未来的发展趋势是什么呢？

8.1　人工智能未来的发展趋势与具体行业应用

1．人工智能的发展趋势

目前，人工智能的发展其实并没有十分完善。今后，人工智能还会持续高速地发展，那么人工智能未来的发展趋势有哪些呢？

（1）技术大规模应用，产品全面进入生活。关于人工智能产品，以通信市场智能手机为例，我国华为公司自主研发了 AI 芯片，而美国苹果公司也推出了搭载 AI 智慧芯片的 iPhoneX 系列手机，我们的生活中正在慢慢地出现更多的人工智能产品，如服务行业的智能客服机器人、家庭儿童教育陪伴机器人、智能音箱等，而这些方面的人工智能应用只是我们生活的冰山一角，人工智能将会有更多的商业应用，由商家开发的人工智能产品也将会布满我们生活的每个角落。

（2）成为可购买的智慧服务。人类研究人工智能，最终目的还是要让它为人类服务，人工智能和其他行业的结合发展，能让我们的生活变得更加方便，这就跟人类使用工具一样，其本质都是"偷懒"和高效。相信大家都见识过了李彦宏驾驶百度研发的无人驾驶汽车的场景，对于人工智能的应用来说，在未来，我们就可以通过购买的方式来享受人工智能带给我们的服务。想象一下，开车的时候睡着了却依然能到达目的地，是不是很刺激呢？

（3）促使产业结构升级，改变全球经济生态。说到人工智能，人们都是比较期待的，但也有少数人会怀着担忧的心态看待它。因为人工智能的发展，让人们看到了人工智能的高效和服从，那么在未来，当人工智能的发展进入一个全新的领域阶段，它会不会取代现在一些行业所需要的人工劳动呢？产业结构从劳动密集型产业向技术密集型产业过渡的过程中，受到人工智能技术的冲击，会不会有大面积的失业问题出现？这对全球的经济和社会来说，影响都是巨大的。当然我们也不必太焦虑，因为同时也会有新的工作岗位产生。

2. 人工智能的具体行业应用

市场研究机构 CB-Insights 公司于 2019 年 1 月发布了一项有关人工智能应用前景的报告，报告中总结了多个行业发展趋势。

（1）终端人工智能。由于实时决策的需要，人工智能被推向了终端领域。终端人工智能是指能够在终端设备（如智能手机、汽车或穿戴设备）上运行人工智能算法，而不是借助于中央云或服务器的通信，从而使设备能够在本地处理信息并对情况作出快速的响应。例如在无人驾驶领域，车辆必须实时响应道路上发生的情况，并且能在没有网络连接的区域工作。在这种环境中，决策时间是极其重要的，任何短时间的延迟都可能发生致命的问题。

（2）人脸识别。从解锁手机到门禁入户，人脸识别已逐渐成为主流应用。卡内基梅隆大学获得了一项关于"幻觉面部特征"的专利，这种技术可以帮助执法机构识别蒙面嫌疑人，该技术能够仅根据捕获面部的眼周区域重建一张完整的脸，然后将"幻觉脸"与实际脸的图像进行比较，以找到相关性强的脸。为提高人脸识别的准确性，亚马逊探索了额外的验证方式，包括要求用户执行一些如微笑、眨眼或倾斜头部动作，然后将这些操作与红外图像信息、热成像数据或其他此类信息结合起来，以获得更可靠的身份验证。

（3）预测性设备维护。制造厂商、设备保险公司和客户在设备维修和故障识别中运用预测性维护技术，可节约企业大量的资金和精力。大数据表明，工厂生产停机的主要原因之一是意外的设备故障，而且计划外停机平均使公司损失 25 万美元 / 小时。在预测性维护中，安装在生产线的传感器和智能摄像头从机器收集连续的数据流，例如温度、湿度和压力，有了这些实时数据，我们可以迭代和更新机器学习算法。随着时间的推移，这些算法可以在故障发生之前对其进行预测。

（4）医疗生物特征识别和辅助诊断。利用大规模人工神经网络，科研人员和医疗人员开始研究和测量以前难以量化的医疗生物特征。2019 年，谷歌公司的研究人员根据视网膜、声音等生物特征和心血管疾病的相关性，并对被测者的年龄、性别以及吸烟等影响因素进行精确量化，通过对神经网络的训练，对心血管疾病的风险性进行评估。与此同时，许多公司和组织机构运用人工智能算法，实现对冠状动脉疾病、糖尿病、动脉硬度和血压的监测与监控。

（5）防伪。随着电子商务的蓬勃发展，假货越来越多，难以被发现。为了应对这种情况，品牌厂家和销售商开始尝试利用人工智能来辨别产品真伪。阿里巴巴报告称，他们正在利用深度学习不断监测其平台的知识产权侵权行为。使用图像识别来尝试判别商品图像中的字符，再加上相关的语义识别，从而完成防伪监视。

（6）自动驾驶。尽管自动驾驶车辆有着巨大的市场机遇，但何时能实现完全无人自主驾驶仍不可预估。2017 年 4 月，百度推出了一个关于自主驾驶解决方案的开放平台：阿波罗（Apollo）。这个技术平台吸引了来自全球各地的合作伙伴。与其他开放源代码的平台一样，其理念是通过开放人工智能和自动驾驶的研究，使之能够受益于科研生态系统中其他参与者的研究成果。

（7）农作物监测。新型农业正在开展三种类型的作物监测：地面、空中和立体地理空间。植保无人机作为农作物监测的主要应用产品，可以为农民绘制农田地图，利用热成像监测水分含量，还可以识别虫害作物和喷洒杀虫剂。有许多初创公司正致力于利用人工智能算法，为捕获的农作物数据做精准的分析和判断。基于人工智能算法的软件平台与无人机搭载平台的结合正在逐渐成为农作物监测发展的主流。

（8）网络安全管理。随着网络技术的快速迭代，人们对网络攻击的反应速度与操作水平已经明显不足，利用机器学习主动搜索威胁的技术正在网络安全中获得优势。威胁搜索是一种主动寻找网络恶意活动的行为，而不是仅仅对警报或发生后的漏洞作出反应。与人工智能所参与的其他工业应用不同，网络防御是黑客和安全人员之间的一种矛和盾的关系，两者都利用机器学习的进步来提高自身的技术水平并保持领先。

8.2 中国人工智能的未来之路

1. 中国人工智能人才需求状况

当前，人工智能领域的竞争主要体现为人才之争。我国人工智能人才以 80

后为主力军，主要分布在北京、上海、深圳、杭州、广州，人才需求量也以这些城市居多。中国对人工智能人才的需求数量已经突破百万，但国内人工智能领域人才供应量很少，人才严重短缺，而且中小企业数量多，企业招聘更加困难。由于人工智能公司技术密集程度极高，企业对人才学历的要求显著高于其他互联网公司。

2. 中国人工智能行业发展前景

人工智能技术的落地、研发团队的技术创新，都是以产品化实现行业应用为最终目的。中国拥有巨大的市场规模，任何新兴技术面对如此的市场规模都将产生新的质变。仅 2020 年上半年，中国核心人工智能产业的规模就达到了 770 亿元人民币。据艾瑞预测，2021 年人工智能核心产业规模预计达到 1998 亿元，2026 年将超过 6000 亿元。由于国家政策的大力支持以及资本和人才的驱动，中国人工智能的应用处于世界前沿，已应用到各个行业，应用场景日益丰富。目前，我国人工智能主要在制造、金融、家居、交通、零售、安防、医疗、教育、物流等行业中有广泛的应用。

（1）制造。我国提出中国智造 2025 计划，传统制造业对人工智能的需求开始爆发。人工智能在制造业的应用主要有三个方面：一是智能装备，包括自动识别设备、人机交互系统、工业机器人以及数控机床等具体设备；二是智能工厂，包括智能设计、智能生产、智能管理等具体内容；三是智能服务，包括大规模个性化定制、远程运维以及预测性维护等具体服务模式。

（2）金融。人工智能在金融领域的应用主要包括智能获客、身份识别、智能风控、智能投顾、智能客服等。该行业也是人工智能渗透最早、最全面的行业。未来人工智能也将持续带动金融行业的智能应用升级和效率提升。

（3）家居。智能家居主要基于物联网技术，通过智能硬件、软件系统、云计算平台构成一套完整的家居生态圈。用户可以进行远程设备控制，设备间可以互联互通，并进行自我学习等，来整体优化家居环境的安全性、节能性、便捷性等。近年来，随着智能语音技术的发展，智能音箱成为一个爆发点。百度、小米、天猫等企业纷纷推出各自的智能音箱，不仅成功打开家居市场，也为未来更多的智能家居用品培养了用户习惯。

（4）交通。智慧交通系统是通信、信息和控制技术在交通系统中集成应用的产物。目前，我国在智慧交通方面的应用主要是通过对交通中的车辆流量、行车速度进行采集和分析，可以对交通实施监控和调度，有效提高通行能力、简化交通管理、降低环境污染等。

（5）零售。无人便利店、智慧供应链、客流统计、无人仓、无人车等都是人工智能在零售领域的应用。京东自主研发的无人仓采用大量智能物流机器人进行协同与配合，通过人工智能、深度学习、图像智能识别、大数据应用等技术，让机器人可以进行自主判断，完成各种复杂的任务。人工智能技术还应用于客流统计，通过人脸识别客流统计功能，门店可以从性别、年龄、表情、新老顾客、滞留时长等维度建立到店客流用户画像，为调整营销策略提供数据基础，帮助门店提升转换率。

（6）安防。安防领域涉及的范围较广，小到个人、家庭，大到社区、城市、国家。智能安防也是国家在智慧城市建设中投入比重较大的项目。目前智能安防类产品主要有四类：人体分析、车辆分析、行为分析、图像分析。

（7）医疗。在垂直领域的图像算法和自然语言处理技术已基本满足医疗行业的需求，市场上已出现了众多技术服务商。目前，智慧医疗在辅助诊疗、疾病预测、医疗影像辅助诊断、药物开发等方面发挥重要作用，但由于各医院之间医学影像数据、电子病历等不流通，导致技术企业与医院之间合作不透明，使得技术发展与数据供给之间存在矛盾。

（8）教育。科大讯飞、乂学教育等企业早已开始探索人工智能在教育领域的应用。人工智能技术通过图像识别，可以进行机器阅卷、识题答题等；通过语音识别可以进行发音训练；而人机交互系统可以进行在线答疑辅导。AI 和教育的结合可改善教育行业师资分布不均衡、费用高昂等问题，从工具层面给师生提供更有效率的学习方式，但目前还不能对教育内容产生较多实质性的影响。

（9）物流。物流行业在运输、仓储、配送装卸等流程上，利用智能搜索、推理规划、计算机视觉以及智能机器人等技术进行了自动化改造，能够基本实现无人操作。例如利用大数据对商品进行智能配送规划,优化配置物流供给、需求匹配、物流资源等。目前物流行业大部分人力分布在"最后一公里"的配送环节,京东、菜鸟、苏宁等公司争先研发无人车、无人机,力求抢占市场先机。

3. 中国主流人工智能软件基础设施

国家依托百度、阿里云、腾讯、科大讯飞等企业,建设自动驾驶、医疗影像、智能语音、智能视觉等国家级新一代人工智能开放创新平台。

(1)百度 AI 开放平台。百度是最早布局人工智能的技术公司之一,在人工智能三大要素(算法、计算、数据)上,都有着得天独厚的优势:拥有建立在超大规模神经网络、万亿级参数、千亿级样本上的人工智能算法;依托数十万服务器和中国最大 GPU 集群的计算能力;作为全球最大的中文搜索引擎,百度拥有全网万亿网页、数十亿搜索、百亿级图像视频和定位数据。百度 AI 开放平台(http://ai.baidu.com)具有全栈的 AI 能力,提供端到端软硬一体的应用;百度拥有丰富的开发平台,可实现定制化的 AI 能力;百度实施全方位的技能培训,培养专业的 AI 人才;百度拥有完善的生态设施,开放 Apollo、DuerOS、百度智能云,目前已有超过 190w + 开发者。

(2)腾讯优图 AI 开放平台。该平台由腾讯旗下顶级的机器学习研发团队开发设计,专注于图像处理、模式识别、深度学习。在人脸识别、图像识别、医疗 AI、交通、OCR 等领域积累了领先的技术和完整的解决方案。

(3)华为 AI 能力开放平台。华为云 ModelArts 是面向开发者的一站式 AI 平台,为机器学习与深度学习提供海量数据预处理及交互式智能标注、大规模分布式训练、自动化模型生成服务及端—边—云模型按需部署能力,帮助用户快速创建和部署模型,管理全周期 AI 工作流。ModelArts 具有低门槛、高效率、高性能、易运维等特点。华为云 ModelArts(https://www.huaweicloud.com/product/modelarts.html)包括 ModelArts Pro、AI Gallery 两款产品,覆盖机器学习、强化学习、深度学习、盘古大模型、运筹优化、搜索推荐、时序预测等技术领域;具备从"数据集—数据准备—训练—数据增强—数据迁移—数据集成—评估—部署—端侧/边侧"完整开发流程。ModelArts 让工程师处理数据不需要学习新的

171

开发语言，让初学者学习编程、开发作品的门槛更低。

（4）阿里 AliGenie 开放平台。AliGenie 将阿里巴巴的底层技术、算法引擎、云端服务和软硬件标准系统进行输出，赋能开发者，为开发者带去更多可能。该平台（https://www.aligenie.com/）主要包括精灵技能市场、硬件开放平台、行业解决方案三大部分，全面赋能智能家居、新制造、新零售、酒店、航空等服务场景。该平台提供语音交互技术、自然语言处理能力、云服务系统、开发工具包和一站式软硬件及量化标准。

（5）科大讯飞开放平台。作为中文语音产业的引领者、人工智能云服务的开拓者，科大讯飞开放平台以"云＋端"的形式向开发者提供语音合成、语音识别、口语评测、自然语言处理等多项人工智能技术服务。讯飞开放平台（https://www.xfyun.cn）稳定可靠的服务支撑和丰富的服务接入方式，让用户体验世界领先的语音技术。用户可通过网络，使用任何设备，在任何时间、任何地点，随时随地享受科大讯飞开放平台提供的听、说、读、写等全方位的人工智能服务，并能简单快速集成到产品中，让产品具备"能听、会说、会思考、会预测"的功能。

（6）清华灵云开放平台。北京捷通华声科技股份有限公司与清华大学建立"灵云科技 源自清华"的战略合作，并共同创立"清华灵云人工智能研究中心"，构建灵云开放平台。清华灵云开放平台（https://www.aicloud.com）在语音识别、语音合成（TTS）、声纹识别、麦克风阵列、OCR、人脸识别、视频分析、手写识别、指纹识别、语义理解、机器翻译（MT）、数据挖掘、键盘输入等 AI 技术上，面向产业全面开放。灵云以"云＋端"的方式，让每个企业都拥有人工智能，让每个人都能享受到人工智能的轻松与便捷。灵云开发者社区提供 Android、IOS、C、Java 等多个平台 / 语言的接口，可快速集成到自身产品与系统应用之中。

4. 中国人工智能人才培养

中国人工智能发展势头很猛，但缺点亦十分明显，主要表现为硬件和算法开发能力不足、人才流失和技术标准较低，创新人工智能框架方面发展薄弱。所以中国政府十分重视人工智能人才的培养。2017 年 7 月，国务院印发了《新一代人工智能发展规划》，提出了我国新一代人工智能发展的指导思想、战略目标、重点任务和保障措施，特别强调"把高端人才队伍建设作为人工智能发展的重中之重"。2018 年 4 月，教育部发布的《高等学校人工智能创新行动计划》提出了人工智能领域人才培养方案，从加快学科建设、加强专业建设、加强人才培养和构建多层次的教育体系四个维度培养人工智能领域的人才，要"不断推动人工智能与实体经济深度融合、为经济发展培育新动能"。截至 2021 年 1 月，中国共有215 所高校开设了"人工智能"本科专业。2019 年 10 月，教育部在《普通高等学校高等职业教育（专科）专业目录》中增设人工智能技术服务专业，为促进经济社会发展和提高国家竞争力提供人才资源支撑。

习　题

1．结合自己所学专业谈谈人工智能在该行业的应用及发展前景。
2．根据人工智能在身边的现实运用谈谈其发展前景。

第 9 章

体验人工智能

9.1　人工智能应用实践

9.1.1　图像识别

图像识别技术是信息时代的一门重要的技术,其产生目的是让计算机代替人类去处理大量的物理信息。随着计算机技术的发展,人类对图像识别技术的认识越来越深刻,人类的生活将无法离开图像识别技术,研究图像识别技术具有重大意义。

图像识别是人工智能的一个重要领域。图像识别的发展经历了三个阶段:文字识别、数字图像处理与识别、物体识别。图像识别,顾名思义,就是对图像做出各种处理、分析,最终识别我们所要研究的目标。今天所指的图像识别并不仅仅是用人类的肉眼,而是借助计算机技术进行识别。虽然人类的识别能力很强大,但是对于高速发展的社会,人类自身识别能力已经满足不了我们的需求,于是就产生了基于计算机的图像识别技术。这就像人类研究生物细胞,完全靠肉眼观察细胞是不现实的,这样自然就产生了显微镜等用于精确观测的仪器。通常一个领域有固有技术无法解决的需求时,就会产生相应的新技术。图像识别技术也是如此,此技术的产生就是为了让计算机代替人类去处理大量的物理信息,解决人类无法识别或者识别率特别低的信息。例如,通过百度智能云实现图像识别,具体步骤如下。

(1)在搜索框中输入 ai.baidu,如图 9-1 所示。

图 9-1　搜索 ai.baidu

(2)选择"百度 AI 开放平台 - 点击进入",如图 9-2 所示。

(3)在导航栏中单击"开放能力"模块,如图 9-3 所示。

(4)单击"图像技术"→"动物识别"选项,如图 9-4 所示。

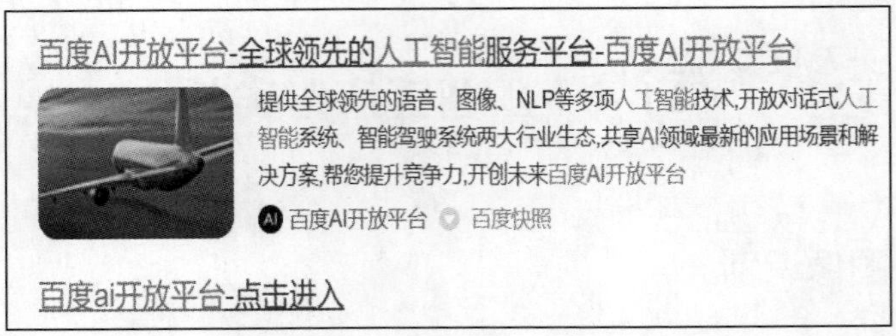

百度AI开放平台-全球领先的人工智能服务平台-百度AI开放平台
提供全球领先的语音、图像、NLP等多项人工智能技术,开放对话式人工智能系统、智能驾驶系统两大行业生态,共享AI领域最新的应用场景和解决方案,帮您提升竞争力,开创未来百度AI开放平台
百度AI开放平台
百度快照
百度ai开放平台-点击进入

图 9-2　选择 AI 开放平台

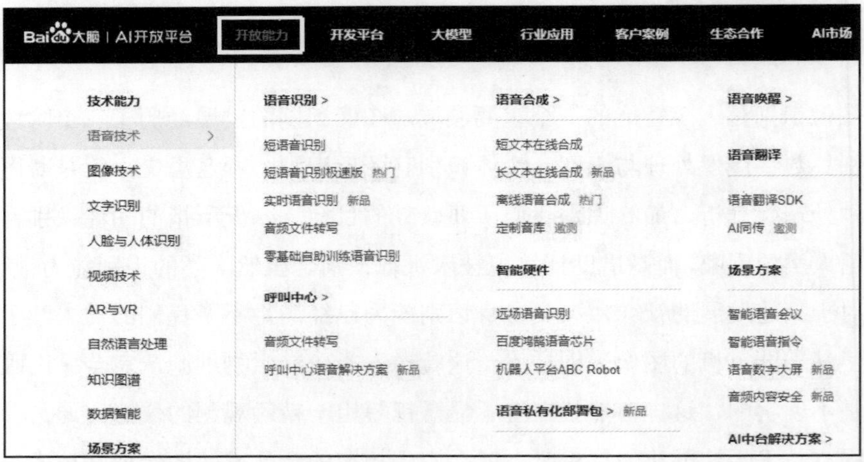

大脑 | AI开放平台
开放能力
开发平台
大模型
行业应用
客户案例
生态合作
AI市场
技术能力
语音技术
图像技术
文字识别
人脸与人体识别
视频技术
AR与VR
自然语言处理
知识图谱
数据智能
场景方案
语音识别 >
短语音识别
短语音识别极速版 热门
实时语音识别 新品
音频文件转写
零基础自助训练语音识别
呼叫中心 >
音频文件转写
呼叫中心语音解决方案 新品
语音合成 >
短文本在线合成
长文本在线合成 新品
离线语音合成 热门
定制音库 邀测
智能硬件
远场语音识别
百度鸿鹄语音芯片
机器人平台ABC Robot
语音私有化部署包 > 新品
语音唤醒 >
语音翻译
语音翻译SDK
AI同传 邀测
场景方案
智能语音会议
智能语音指令
语音数字大屏 新品
音频内容安全 新品
AI中台解决方案 >

图 9-3　“开放能力”模块

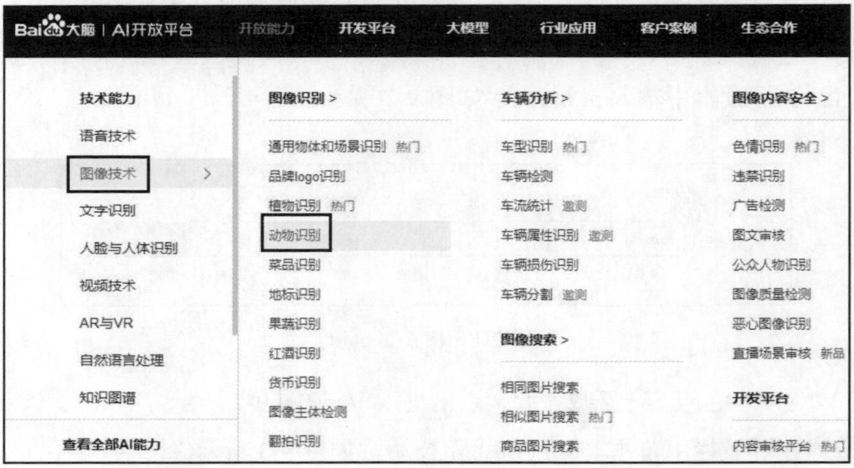

大脑 | AI开放平台
开放能力
开发平台
大模型
行业应用
客户案例
生态合作
技术能力
语音技术
图像技术
文字识别
人脸与人体识别
视频技术
AR与VR
自然语言处理
知识图谱
查看全部AI能力
图像识别 >
通用物体和场景识别 热门
品牌logo识别
植物识别 热门
动物识别
菜品识别
地标识别
果蔬识别
红酒识别
货币识别
图像主体检测
翻拍识别
车辆分析 >
车型识别 热门
车辆检测
车流统计 邀测
车辆属性识别 邀测
车辆损伤识别
车辆分割 邀测
图像搜索 >
相同图片搜索
相似图片搜索 热门
商品图片搜索
图像内容安全 >
色情识别 热门
违禁识别
广告检测
图文审核
公众人物识别
图像质量检测
恶心图像识别
直播场景审核 新品
开发平台
内容审核平台 热门

图 9-4　选择“动物识别”选项

（5）在网上下载任意一张动物图片，单击"本地上传"选项，如图 9-5 所示。

图 9-5　选择动物图片

（6）上传成功之后，自动识别结果如图 9-6 所示。

图 9-6　自动识别结果

9.1.2　文字识别

人们在生产和生活中，要处理大量的文字、报表和文本，利用计算机自动识别字符，可减轻人们的劳动，提高工作效率，文字识别是图像识别的一个重要应用。例如，通过百度智能云实现图像识别，具体步骤如下。

（1）打开百度智能云 https://cloud.baidu.com，注册个人账号，如图 9-7 和图 9-8 所示。

图 9-7　注册账号 -1

图 9-8　注册账号 -2

（2）搜索文字识别，选择"通用场景文字识别"→"立即使用"选项，如图 9-9 所示。

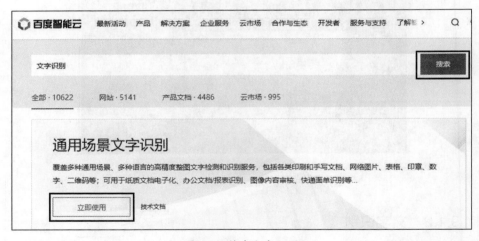

图 9-9　搜索文字识别

（3）接下来完成平台服务协议认证，如图 9-10 和图 9-11 所示。

（4）单击"领取免费资源"选项，如图 9-12 所示，单击"0 元领取"选项，如图 9-13 和图 9-14 所示。

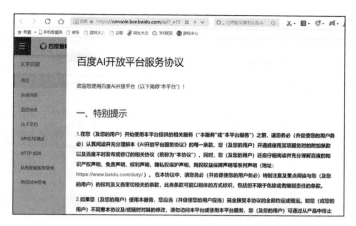

图 9-10 平台服务协议认证 -1

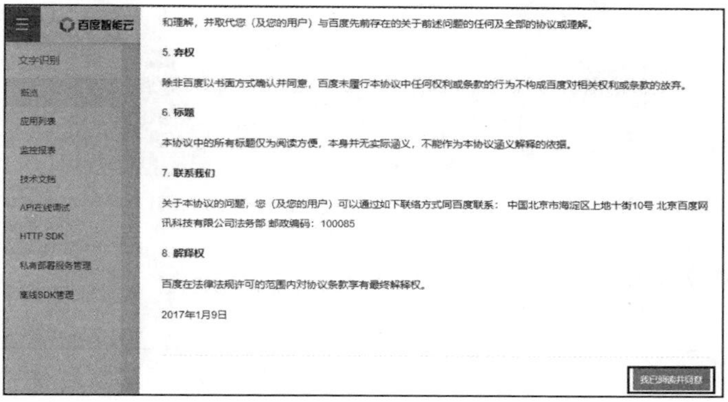

图 9-11 平台服务协议认证 -2

图 9-12 领取免费资源

图 9-13　单击"0 元领取"选项

图 9-14　领取成功界面

（5）创建文字识别应用，如图 9-15 所示。

（a）

（b）

（c）

（d）

图 9-15　创建应用

（6）选择"应用列表"模块，编辑选择需要识别的文字内容，如图 9-16 和图 9-17 所示。

图 9-16 编辑界面

图 9-17 应用列表

（7）选择"监控报表"模块，可以查询到监控信息，然后选择"API 在线调试"模块，如图 9-18 和图 9-19 所示。

图 9-18 监控查询

图 9-19　API 调试

（8）这里也可以直接选择百度智能云中的"功能演示"模块中的文字识别功能，选择需要识别的文字图片，如图 9-20 所示。

图 9-20　选择需要识别的文字图片

（9）上传文字图片之后的识别结果如图 9-21 所示。

图 9-21　识别结果

9.1.3　人脸识别

人脸识别技术是基于人的脸部特征信息进行身份识别的一种生物识别技术，

用摄像机或摄像头采集含有人脸的图像或视频流,并自动在图像中检测和跟踪人脸,进而对检测到的人脸进行脸部识别,通常也叫作人像识别、面部识别。

人脸识别系统的研究始于 20 世纪 60 年代,20 世纪 80 年代后随着计算机技术和光学成像技术的进步得以快速发展,而真正进入初级的应用阶段则在 20 世纪 90 年代后期。人脸识别系统成功的关键在于是否拥有尖端的核心算法,并使识别结果具有实用化的识别率和识别速度。人脸识别系统集成了人工智能、机器识别、机器学习、模型理论、专家系统、视频图像处理等多种专业技术,是生物特征识别的最新应用,其核心技术的实现展现了由弱人工智能向强人工智能的转化。

在百度智能云中选择"开放能力"→"人脸与人体识别"→"人脸对比"选项(图 9-22),识别结果如图 9-23 所示。

图 9-22　选择"人脸对比"选项

图 9-23　识别结果

9.1.4　语音识别

语音识别，也被称为自动语音识别（Automatic Speech Recognition，ASR），是让机器通过识别和理解过程把语音信号转变为相应的文本或命令的技术，也就是让机器听懂人类的语音，其目标是将人类的语音中的词汇内容转换为计算机可读的输入，例如按键、二进制编码或者字符序列。

语音识别系统主要包含特征提取、声学模型、语言模型、字典与解码四个部分，为了更有效地提取特征，往往还需要对所采集到的声音信号进行滤波、分帧等预处理工作，把要分析的信号从原始信号中提取出来；之后，特征提取工作将声音信号从时域转换到频域，为声学模型提供合适的特征向量；声学模型再根据声学特性计算每一个特征向量在声学特征上的得分；而语言模型则根据语言学相关的理论，计算该声音信号对应可能词组序列的概率；最后根据已有的字典，对词组序列进行解码，得到最后可能的文本。

接下来我们体验一个简单的语音识别案例。为了测试语音识别，录制一段单声道、8000hz 采样率、16 位深的 wav 格式的语音，时长在 60 秒以内。录制语音文件的过程可以选择 Windows 系统自带的录音机，也可下载任意一款录音软件。语音识别步骤如下。

（1）下载并安装一个录音软件如灵者录音机，它具有体积小巧、时间不限、设置便捷、录制快速的特点，程序界面如图 9-24 所示。

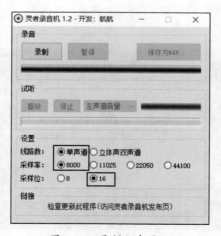

图 9-24　录制程序界面

（2）设置"线路数"为单声道，"采样率"为8000hz，"采样位"为16位。

（3）单击"录制"按钮，开始录音，时长不超过1分钟，如图9-25所示，单击"停止"按钮，结束录音。

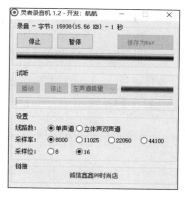

图 9-25　停止界面

（4）单击"保存为"按钮，弹出"另存为"对话框，如图9-26所示，在文件名中输入语音文件名如 voice.mp3，单击"保存"按钮，完成语音录制。

图 9-26　保存界面

（5）在百度智能云中，单击"开放能力"→"语音技术"→"语音识别"选项，如图9-27所示。

（6）进入语音技术应用，上传录制好的文件 voice.mp3 进行语音识别，然后可根据需要选择应用进行二次开发，如图9-28所示。

（7）除百度智能云外，也可访问科大讯飞语音识别平台 https://www.iflyrec.com，上传录制好的文件 voice.mp3，完成语言识别，如图9-29所示。

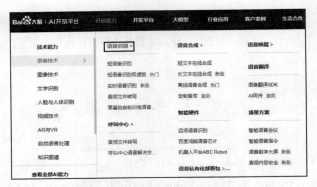

图 9-27　选择"语音识别"选项

图 9-28　选择应用

图 9-29　上传声音文件

（8）语音识别之后的结果如图 9-30 所示。

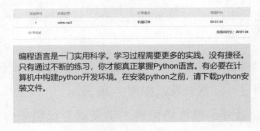

图 9-30　音频识别文字

9.2　人工智能编程语言

Python 是人工智能领域中使用最广泛的编程语言之一，简单易用且可以无缝对接数据结构和其他常用的 AI 算法，Python 能用于人工智能项目中是基于 Python 的很多有用的库，如已经变得无处不在的 NumPy 和引入 R 语言强大而灵活的数据帧的 Pandas。在机器学习方面，Python 有经过实践检验的 Scikit-learn。在深度学习方面，Python 有 TensorFlow、PyTorch、Chainer、MXNet、Theano 等。接下来我们以 PyCharm 开发环境为例开启 Python 的第一个项目。

9.2.1　Python 的安装

编程语言是一门实践科学，学习过程需要多动手实践，没有捷径，只有不断练习，才能真正掌握 Python 语言，因此在电脑中搭建 Python 开发环境是很必要的。在安装 Python 之前，先要下载 Python 安装文件。

1. 下载 Python 安装文件（以 3.10.4 版本为例）

打开 Python 的官网，在 downloads 菜单下选择 Windows 选项，在打开的网页中找到需要安装的版本，下载 Python3.10.4 的网址：https://www.python.org/downloads/release/python-3104/，安装文件如图 9-31 所示。

Version	Operating System	Description	MD5 Sum	File Size	GPG
Gzipped source tarball	Source release		7011fa5e61dc467ac9a98c3d62cfe2be	25612387	SIG
XZ compressed source tarball	Source release		21f2e113e087083a1e8cf10553d93599	19342692	SIG
macOS 64-bit universal2 installer	macOS	for macOS 10.9 and later	5dd5087f4eec2be635b1966330db5b74	40382410	SIG
Windows embeddable package (32-bit)	Windows		4c1cb704caafdc5cbf05ff919bf513f4	7563393	SIG
Windows embeddable package (64-bit)	Windows		bf4e0306c349fbd18e9819d53f955429	8523000	SIG
Windows help file	Windows		758d7773027cbc94e2dd0000423f032c	9222920	SIG
Windows installer (32-bit)	Windows		977b91d2e0727952d5e8e4ff07eee34e	27338104	SIG
Windows installer (64-bit)	Windows	Recommended	53fea6cfcce86fb87253364990f22109	28488112	SIG

图 9-31　下载 Python 安装文件

2. 在 Windows 平台上安装 Python

打开下载到本地电脑的 Python 安装程序，如 python-3.10.4-amd64.exe，开始在电脑上安装 Python，安装步骤如下：

（1）勾选 Add Python 3.10 to PATH（表示把 Python 安装目录加入 Windows 环境变量 Path 路径中）。

有两种安装方式：第一种安装方式是立即安装，第二种安装方式是自定义安装，建议选择自定义安装。

（2）勾选功能选项，单击 Next 按钮，进入下一步。

（3）设置 Python 的安装路径，单击 Install 按钮，进入下一步。

（4）开始安装 Python，显示安装进度。

（5）安装成功，单击 Close 按钮，结束安装。

安装步骤如图 9-32 所示。

（a）

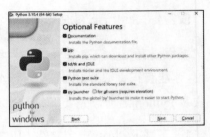

（b）

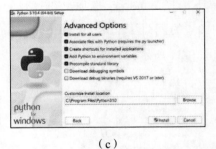

（c）

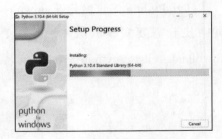

（d）

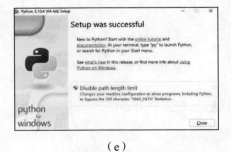

（e）

图 9-32　Python 程序安装步骤

3. 设置环境变量

如果在安装步骤（1）的时候没有勾选 Add Python 3.10 to PATH，则需要我们安装以后设置一下环境变量。设置环境变量步骤如下：

（1）打开"系统设置"窗口，在"系统属性"对话框中选择"高级"选项卡，单击右下角的"环境变量"按钮。

（2）在"环境变量"对话框的用户变量里选择 Path 变量，单击"编辑"按钮。

（3）在"编辑环境变量"对话框中，将 Python 安装路径（C:\Program Files\Python310）以及安装路径下的 Scripts 子目录（C:\Porgram Files\Python310\Scripts）加入环境变量 Path 中，单击"确定"按钮完成环境变量的编辑。

（4）环境变量设置结束后，在 cmd 命令行下，输入命令"python"，就可进入 Python 的交互式环境。

设置步骤如图 9-33 所示。

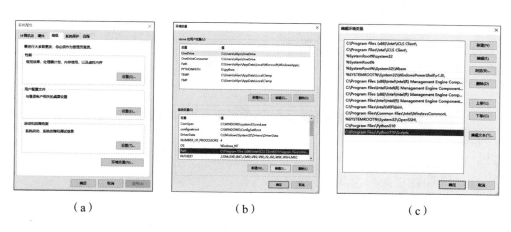

（a）　　　　　　　　　　（b）　　　　　　　　　　（c）

图 9-33　设置环境变量步骤

9.2.2　PyCharm 的安装

虽然 Python 系统自带了开发环境 Python IDLE，但还是比较推荐安装另一个开发环境即 PyCharm。PyCharm 是由 JetBrains 打造的 Python 集成开发环境，有一整套用以帮助用户提高 Python 程序开发效率的工具，如调试、语法高亮、项目管理、程序跳转、智能提示等。这些对于初学者而言很方便，能提高 Python 程序的开发效率。

下面以 Windows 平台上 PyCharm 2021.3.3 社区版的安装为例说明安装的过程。

1. PyCharm 软件下载

在 JetBrains 公司官网下载 PyCharm，网址为 https://www.jetbrains.com/pycharm/，在下载页面中选择 Community 下的 Download 选项，下载 Windows 平台下的 PyCharm 2021.3.3 社区版安装程序，如图 9-34 所示。

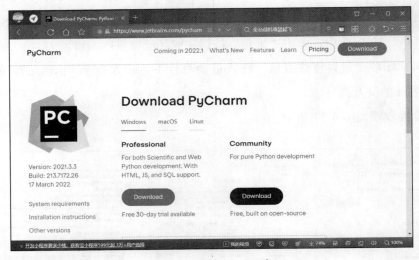

图 9-34　PyCharm 下载

2. PyCharm 软件安装

（1）双击下载的安装程序（pycharm-community-2021.3.3.exe），出现安装程序的欢迎界面，单击 Next 按钮进入下一步。

（2）在这一步选择 PyCharm 安装路径，可使用 PyCharm 的默认安装路径，也可自行设置安装路径，单击 Next 按钮进入下一步。

（3）在这一步中选择需要的安装选项，单击 Next 按钮进入下一步。

（4）选择创建 PyCharm 快捷方式所在的开始菜单文件夹，可使用安装程序提供的默认文件夹，也可输入一个名称建立一个新文件夹，单击 Install 按钮开始安装。

（5）在这一步中安装程序显示安装进度，等待程序安装完成。

（6）显示安装完成界面。若要立即运行 PyCharm 程序，勾选 Run PyCharm Community Edition 选项，否则直接单击 Finish 按钮完成安装。

安装步骤如图 9-35 所示。

（a）　　　　　　　　　　　　　（b）

（c）　　　　　　　　　　　　　（d）

（e）　　　　　　　　　　　　　（f）

图 9-35　PyCharm 安装步骤

9.2.3 用 PyCharm 开发第一个程序

PyCharm 程序安装好了，我们就可以开发第一个 Python 程序了。下面，我们编写程序 case1-1.py，在终端输出"Hello world!"。用 PyCharm 开发的步骤如下。

（1）启动 PyCharm，出现欢迎使用 PyCharm 对话框，单击 New Project 选项，创建一个新工程，如图 9-36 所示。

图 9-36　创建一个新工程

（2）设定新工程的存放路径，虽然 PyCharm 提供了默认路径，但推荐大家自行设置存放路径，此处设置项目存放路径为 D:\Python\HelloWorld，单击 Create 按钮以创建工程，如图 9-37 所示。

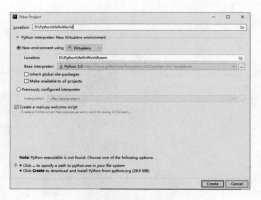

图 9-37　选择新工程的存放路径

（3）出现 Tip of the Day（每日一贴）对话框，如图 9-38 所示，它每次提供一个 PyCharm 功能的小贴士，单击 Close 按钮关闭对话框。

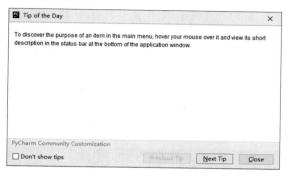

图 9-38 "每日一贴"对话框

（4）进入 PyCharm 开发环境，PyCharm 界面的左侧是工程窗口，右侧是文件编辑区域，如图 9-39 所示。

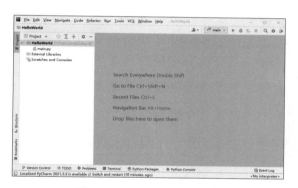

图 9-39 PyCharm 开发环境

（5）右击工程窗口中的 HelloWorld 文件夹，在弹出的快捷菜单中单击 New → Python File 选项，新建一个 Python 程序，如图 9-40 所示。

图 9-40 新建 Python 程序

（6）在 New Python file 的对话框中输入 Python 程序的文件名，Python 程序的扩展名是 .py，此处输入 case1-1.py，如图 9-41 所示，按回车键创建 Python 文件。

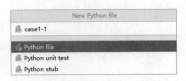

图 9-41　输入 .py 文件名

（7）在打开的 case1-1.py 窗口中输入程序代码：print('hello world!')，如图 9-42所示。

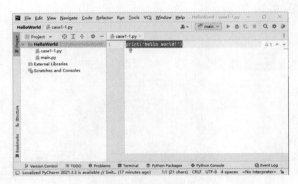

图 9-42　输入程序代码

（8）在打开的 case1-1.py 窗口里右击，在弹出的快捷菜单中单击"Run 'case1-1'"，如图 9-43 所示，运行 Python 程序，程序运行结果如图 9-44 所示。

图 9-43　运行程序

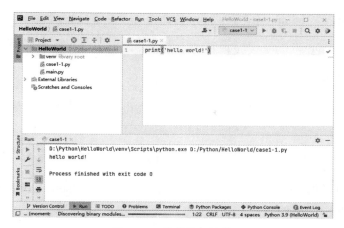

图 9-44　程序运行结果

9.2.4　单张图片的文字识别

接下来对程序中指定的图片做文字识别，在终端输出识别结果。操作步骤如下。

1. 新建项目

打开 PyCharm 程序，新建工程 ocr。

2. 建立图片文件夹并复制文字识别图片

（1）在 PyCharm 程序中右击工程文件夹 ocr，单击 New → Directory 选项，新建文件夹 image，该文件夹用于存放文字识别图片。

（2）复制全部图片文件并粘贴到 image 文件夹中。

3. 安装百度 AI 的 Python SDK

为了在 Python 程序中使用百度 AI 提供的产品服务，首先要安装百度 AI 的 Python SDK，安装步骤如下：

（1）单击 PyCharm 程序左下角的 Terminal 图标，打开终端窗口。

（2）在终端窗口中输入如下命令：

```
pip install baidu-aip
```

若在执行上述命令时提示要升级 pip 程序，则按提示先升级 pip 程序，再用上述命令重新安装 baidu-aip，升级 pip 的命令如下：

```
python -m pip install --upgrade pip
```

4. 建立任务 1 程序，编写模块导入语句

（1）右击工程文件夹 ocr，单击 New → Python File 选项，新建文件 task6-2-1.py。

（2）程序要调用百度 AI 的通用文字识别接口，因此，要导入百度 AI 的文字识别模块，代码如下：

```
from aip import AipOcr
```

5. 建立 AipOcr 对象

AipOcr 是百度 AI 文字识别的 Python SDK 客户端，能为客户提供多种文字识别服务，代码如下：

```
# 填写你的文字识别应用的 App ID、API Key、Secret Key
APP_ID = 'XXXXXX'
API_Key = 'XXXXXX
Secret_Key = 'XXXXXX'
client = AipOcr(APP_ID, API_Key, Secret_Key)
```

在上面代码中，APP_ID、API_Key 和 Secret_Key 是创建文字识别应用后分配的凭证信息，可从百度 AI 服务控制台的应用列表复制凭证信息。

6. 定义图片读取函数

定义函数名为 get_file_content 的函数，用来读取图片文件，参数 filePath 存放要读取的图片文件路径，在函数体中，以二进制只读模式打开文件，并读取文件数据，函数定义如下：

```
def get_file_content(filePath):
    with open(filePath, 'rb') as fp:
        return fp.read()
```

7. 调用文字识别接口

百度 AI 的通用文字识别接口用来识别图片中的文字，接口的调用形式如下：

```
client.basicGeneral(image[,options])
```

client 为 AipOcr 对象，接口参数包括必填参数和可选参数。必填参数为 image，即图像数据。本项目中，该参数值设置为 get_file_content() 函数的返回值。可选参数 options 中的参数项如下：

- language_type：字符串类型，表示识别语言类型，可选值包括 CHN_ENG（中英文混合）、ENG（英文）、JAP（日语）、KOR（韩语）等，默认为 CHN_ENG。
- detect_direction：字符串类型，表示是否检测图像朝向，可选值包括 true 和 false，默认为 false，即不检测图像朝向。
- detect_language：字符串类型，表示是否检测语言，可选值包括 true 和 false，默认为 false，即不检测语言。
- paragraph：字符串类型，表示是否输出段落信息，可选值包括 true 和 false，默认为 false，即不输出段落信息。
- probability：字符串类型，表示是否返回识别结果中每一行的置信度，可选值包括 true 和 false，默认为 false，即不返回识别结果中每一行的置信度。

调用百度 AI 的通用文字识别接口识别图片中的文字的代码如下：

```
filePath = './image/ocr-1.jpg'
result = client.basicGeneral(get_file_content(filePath))
```

8. 输出返回结果

变量 result 保存接口的返回值，通过 print() 函数查看返回值的结果如下：

```
{'words_result': [{'words': ' 计算机概述 '}, {'words': ' 计算机的发展简史及特点 '}, {'words':
' 计算机的分类 '}, {'words': ' 微型计算机的种类及应用领域 '}, {'words': ' 多媒体计算机 '}],
'log_id': 1404973100872761344, 'words_result_num': 5}
```

可以看出，返回的结果储存在字典中，由三部分组成：

- words_result：识别文字结果，其值是一个列表，每个列表元素是字典数据，键 words 对应的值是图片中的一行文字。
- log_id：唯一的日志编码，用于问题定位。
- words_result_num：识别结果数。

为了使输出结果更利于阅读，可以有选择地输出字典的关键数据，此处只输出识别文字，代码如下：

```
# 格式化输出接口的返回值
for strLine in result["words_result"]:
    print(strLine["words"])
```

上述代码用 for 循环遍历键 words_result 对应的列表，并输出识别文字。

习　题

1．图像识别的发展经历了三个阶段 _____。

    A．文字识别   B．数字图像处理与识别

    C．物体识别   D．人脸识别

2．人脸识别系统集成了 _____。

    A．人工智能   B．机器识别

    C．机器学习   D．专家系统

3．浏览 https://www.python.org/downloads/release/python-3104/，下载安装 Python3.10.4。

4．启动 PyCharm 编辑器，编写第一个程序"Hello AI"。

参考文献

[1] 周志敏，纪爱华．人工智能 [M]．北京：人民邮电出版社，2017．

[2] 张泽谦．人工智能 [M]．北京：人民邮电出版社，2019．

[3] 陈炳祥．人工智能改变世界：工业 4.0 时代的商业新引擎 [M]．北京：人民邮电出版社，2017．

[4] 韦康博．人工智能 [M]．北京：现代出版社，2016．

[5] 李开复，王咏刚．人工智能 [M]．北京：文化发展出版社，2017．

[6] 杨天奇．人工智能及其应用 [M]．广州：暨南大学出版社，2014．

[7] 张肇聿，王一琳，李志．基于人工智能技术的 25 个行业发展趋势 [J]．无人系统技术，2019，2（1）：17-22．

[8] 赵晓光，张冬梅，改变我们的生活方式：人工智能和智能生活 [M]．北京：科学出版社，2018．

[9] 重庆工商大学高等教育研究所．大数据、人工智能背景下的教育教学改革探索 [M]．成都：西南财经大学出版社，2018．